Mehr Erfolg in Physik

Oberstufe

Relativitätstheorie, Quanten-, Atom- und Kernphysik

Erhard Weidl

Mit ausführlichem Lösungsteil

mentor
Eine Klasse besser.

Der Autor:

Erhard Weidl, Diplom-Physiker, Oberstudienrat
an einer Berufsoberschule Technik

Redaktion:
Dr. Hans-Peter Waschi

Illustrationen:
Udo Kipper, Darmstadt

Layout:
Sabine Nasko, München

Umschlag:
Design im Kontor / Iris Steiner, München

© 2010 mentor Verlag GmbH, München

Das Werk und seine Teile sind urheberrechtlich geschützt. Jede Verwertung in anderen als den gesetzlich zugelassenen Fällen bedarf deshalb der vorherigen schriftlichen Einwilligung des Verlages.

Umwelthinweis: Gedruckt auf chlorfrei gebleichtem Papier.

Druck: CS-Druck CornelsenStürtz, Berlin

ISBN 978-3-580-65671-3

www.mentor.de

Inhalt

1 Relativitätstheorie **5**
  1.1 MICHELSON-Experiment und Relativitätsprinzip 5
  1.2 Zeitdilatation und Längenkontraktion 8
  1.3 Die relativistische Massenzunahme 10
  1.4 Äquivalenz von Masse und Energie 14
  1.5 Übungsaufgaben zu Kapitel 1 17

2 Quantenphysik: Dualismus Welle–Teilchen **20**
  2.1 Der Fotoeffekt 20
  2.2 Das Teilchenmodell des Lichts 22
  2.3 Der COMPTON-Effekt 24
  2.4 Photonen und elektromagnetische Welle 27
  2.5 Materiewellen 28
  2.6 Die Unschärferelation 30
  2.7 Übungsaufgaben zu Kapitel 2 32

3 Atommodelle **38**
  3.1 Das RUTHERFORDSCHE Atommodell 38
  3.2 Das BOHRSCHE Atommodell 39
  3.3 Der FRANCK-HERTZ-Versuch 46
  3.4 Röntgenstrahlung 48
  3.5 Übungsaufgaben zu Kapitel 3 51

4 Radioaktivität **55**
  4.1 Nachweisgeräte für radioaktive Strahlung 55
  4.2 Aufbau der Atomkerne 57
  4.3 Natürliche Radioaktivität 59
  4.4 Das Zerfallsgesetz 61
  4.5 Kernreaktionen und künstliche Radioaktivität 63
  4.6 Übungsaufgaben zu Kapitel 4 65

5 Kernenergie **71**
  5.1 Massendefekt und Bindungsenergie 71
  5.2 Kernspaltung 73
  5.3 Kernkraftwerke 75
  5.4 Kernfusion 76
  5.5 Übungsaufgaben zu Kapitel 5 77

6 Naturkonstanten **80**

Lösungen *81*
    Vorbemerkung 81
    Ergebnisse 82
    Ausführliche Lösungen 85

Register *123*

Das internationale Einheitensystem *125*

Relativitätstheorie

1.1 MICHELSON-Experiment und Relativitätsprinzip

Um 1900 schien es so, als wären in der Physik alle grundsätzlichen Probleme gelöst und nur noch ganz wenige Fragen ungeklärt. Welch ein Irrtum! Schon ein paar Jahre später sollte sich zeigen, wie begrenzt die bisherigen Vorstellungen waren und dass auch naturwissenschaftliche Erkenntnisse nicht unanfechtbar sind.

Eines der damals noch ungelösten Probleme betraf das Licht, also die elektromagnetischen Wellen. Man zweifelte nicht daran, dass sie sich wie die mechanischen Wellen nur in einem Medium ausbreiten können. Diesem Trägermedium der Lichtwellen hatte man den Namen „Äther" gegeben. Da Licht von den entferntesten Galaxien bis zu uns gelangt, muss der Äther den gesamten Weltraum erfüllen. 1881 versuchte der Physiker ALBERT MICHELSON ihn experimentell nachzuweisen. Dazu wollte er die Geschwindigkeit messen, die die Erde relativ zum Äther hat:

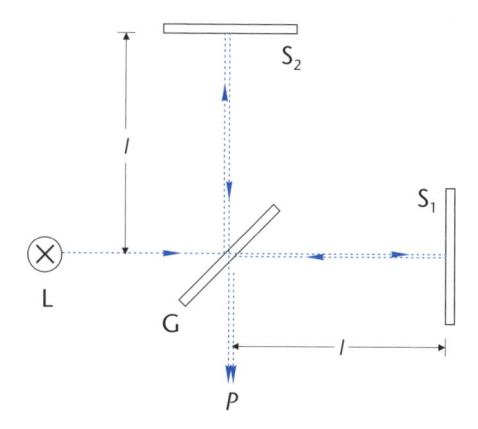

Licht aus der Lichtquelle L trifft auf eine halbdurchlässig verspiegelte Glasplatte G. Dort wird es in einen durchgehenden und einen reflektierten Strahl gleicher Helligkeit geteilt. Beide Strahlen legen rechtwinklig zueinander dieselbe Entfernung l zurück und werden dann jeweils von den Spiegeln S_1 und

Relativitätstheorie

S_2 zurück nach G reflektiert. Dort werden sie beide teils hindurch gelassen und teils reflektiert. Im Punkt P beobachtet man die Interferenz der beiden Lichtquellen, die die gleich langen Wege LGS_1GP und LGS_2GP zurückgelegt haben. Ein Interferenzmaximum tritt auf, wenn beide Wellen gleichphasig ankommen, ein Interferenzminimum, wenn sie gegenphasig ankommen. Im Kapitel 7.2 des mentor-Bandes „Mehr Erfolg in Physik, Abitur, Mechanik" können Sie das noch einmal nachlesen.

MICHELSON erwartete, dass die Bewegung der Erde durch den Äther Auswirkungen auf das in P beobachtete Interferenzbild habe. Vorausgesetzt, dass der Äther existiert, gelten nämlich folgende Überlegungen: Der ruhende Äther stellt ein absolutes Bezugssystem dar. In ihm breitet sich das Licht in jede Richtung mit derselben Geschwindigkeit $c = 3{,}00 \cdot 10^8 \, \text{s}^{-1}$ aus, nicht aber in Bezugssystemen, die sich relativ zum Äther gleichförmig bewegen.

Nehmen wir an, die Erde und mit ihr der obige Versuchsaufbau bewegen sich im Äther mit der Geschwindigkeit v von links nach rechts. Dann bewegt sich der Äther in einem Bezugssystem, in dem die Erde ruht, mit der Geschwindigkeit v von rechts nach links. Die Lichtgeschwindigkeit in diesem Bezugssystem erhält man durch vektorielle Addition von c und v. Auf dem Weg von G nach S_1 beträgt die Lichtgeschwindigkeit $c - v$, auf dem Rückweg $c + v$.

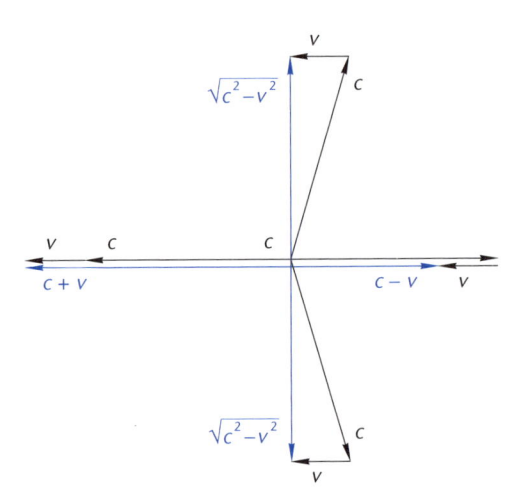

Die Zeit, die das Licht für den Weg GS_1G benötigt, ist also $t_1 = \dfrac{l}{c-v} + \dfrac{l}{c+v}$.

Auf dem Weg von G nach S_2 beträgt die Lichtgeschwindigkeit nach dem Satz von PYTHAGORAS $\sqrt{c^2 - v^2}$, auf dem Rückweg ebenso.

Die Zeit, die das Licht für den Weg GS_2G benötigt, ist also $t_2 = \dfrac{2l}{\sqrt{c^2 - v^2}}$.

MICHELSON verwendete Licht mit der Wellenlänge $\lambda = 6 \cdot 10^{-7}$ m, das heißt der Schwingungsdauer $T = \dfrac{\lambda}{c} = \dfrac{6 \cdot 10^{-7} \, \text{m}}{3 \cdot 10^8 \, \text{m s}^{-1}} = 2 \cdot 10^{-15}$ s. Die Entfernung zwischen Glasplatte und Spiegel betrug $l = 11$ m. Er nahm an, die Relativgeschwindigkeit zwischen Erde und Äther sei die Geschwindigkeit

$v = 3 \cdot 10^4$ m s^{-1}, mit der sich die Erde auf ihrer Bahn um die Sonne bewegt. Er errechnete für die beiden Wege den Laufzeitunterschied

$$\Delta t = t_1 - t_2 = \frac{l}{c-v} + \frac{l}{c+v} - \frac{2l}{\sqrt{c^2 - v^2}} = 3{,}7 \cdot 10^{-16} \text{ s}.$$

Das sind fast 20 % der Schwingungsdauer T der Lichtwelle. Ein so großer Phasenunterschied zwischen beiden Lichtwellen sollte im Interferenzbild deutlich zu sehen sein.

Wenn man den Versuchsaufbau dreht, sollte bei irgendeiner Stellung tatsächlich die obige Annahme erfüllt und GS$_1$ parallel zur Bewegungsrichtung der Erde durch den Äther sein.

Es gelang MICHELSON aber nicht, auch nur den geringsten Laufzeitunterschied Δt zu messen. Durch andere Experimente konnte die Möglichkeit eindeutig ausgeschlossen werden, dass die Erde den Äther mit sich zieht und daher die Relativgeschwindigkeit an der Erdoberfläche $v = 0$ ist. Es herrschte Ratlosigkeit.

Des Rätsels Lösung fand 1905 kein etablierter Wissenschaftler, sondern ein blutjunger und auch unter Physikern völlig unbekannter Patentamtsangestellter in seiner Freizeit. Sein Name ist heute jedem Kind geläufig: ALBERT EINSTEIN. Er erkannte, dass die Voraussetzung für die obigen Überlegungen gar nicht erfüllt ist: Es gibt keinen Äther! Elektromagnetische Wellen breiten sich ohne Trägermedium aus.

Seine Relativitätstheorie geht von zwei Grundannahmen aus:

1. Relativitätsprinzip

In Bezugssystemen, die *relativ zueinander* gleichförmig bewegt sind, nehmen die Naturgesetze dieselbe Form an. Es ist daher unmöglich, aufgrund irgendwelcher physikalischer Experimente ein absolutes System zu bestimmen.

2. Prinzip der Konstanz der Lichtgeschwindigkeit

Die Lichtgeschwindigkeit c im Vakuum ist für alle gleichförmig gegeneinander bewegten Bezugssysteme gleich groß: $c = 3{,}00 \cdot 10^8$ m s^{-1}

Die Relativitätstheorie muss deshalb über die grundlegenden physikalischen Größen Länge, Zeit und Masse Aussagen machen, die dem gesunden Menschenverstand zu widersprechen scheinen. Tatsächlich aber machen sich die Abweichungen von der klassischen Physik erst bei Geschwindigkeiten bemerkbar, die so hoch sind, dass sie jenseits unserer Erfahrungswelt liegen.

1.2 Zeitdilatation und Längenkontraktion

Die konsequente Anwendung des Prinzips der Konstanz der Lichtgeschwindigkeit führte EINSTEIN zu der überraschenden Erkenntnis, dass ein und derselbe Vorgang unterschiedlich lange dauert, wenn man ihn in verschiedenen, gleichförmig gegeneinander bewegten Bezugssystemen betrachtet.

Wir können das verstehen, wenn wir uns eine „Lichtuhr" vorstellen, deren Gang durch das Prinzip der Konstanz der Lichtgeschwindigkeit bestimmt ist. In ihr wird ein Lichtsignal ständig zwischen zwei Spiegeln hin und her reflektiert. Jedesmal, wenn das Lichtsignal an einem Spiegel ankommt, rückt die Anzeige der Uhr um eine Zeiteinheit weiter. Diese Einheit wird durch die in allen Bezugssystemen gleich große Lichtgeschwindigkeit c bestimmt. Bei einem Spiegelabstand von $l = 0{,}3$ m würde die Zeiteinheit

$$t_0 = \frac{l}{c} = \frac{0{,}3 \text{ m}}{3 \cdot 10^8 \text{ m s}^{-1}} = 10^{-9} \text{ s} = 1 \text{ ns} \text{ sein.}$$

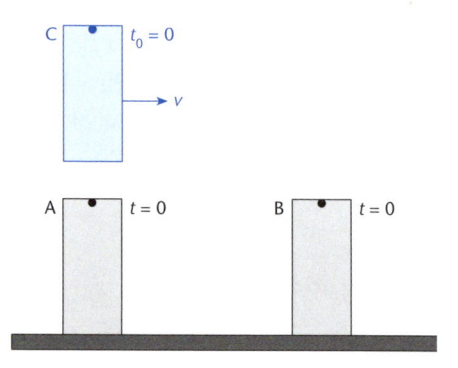

Nun stellen Sie sich vor, Sie hätten zwei identische, synchron gehende Uhren A und B vor sich auf dem Tisch. Da fliegt nun gerade eine Rakete vorbei mit einer Geschwindigkeit v, die kaum geringer ist als die Lichtgeschwindigkeit c. In dieser Rakete befindet sich die Lichtuhr C.
In dem Moment, in dem Uhr C an Uhr A vorbeifliegt, befindet sich das Lichtsignal in beiden Uhren am oberen Spiegel. Die Uhr B ist so platziert, dass in dem Moment, in dem das Lichtsignal in Uhr C am unteren Spiegel ankommt, Uhr C gerade an Uhr B vorbeifliegt.

Welche Zeit vergeht zwischen der Begegnung von C mit A und der Begegnung von C mit B?

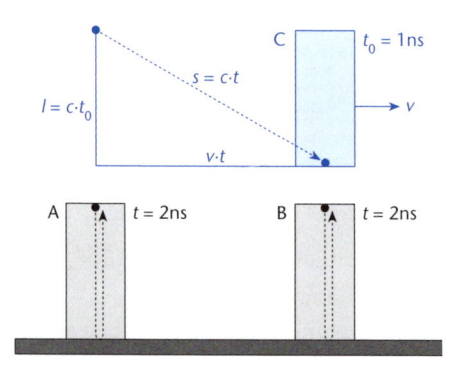

Das werden Sie anders beurteilen als ein mit der Rakete mitfliegender Beobachter. Das Relativitätsprinzip besagt, dass die Bezeichnungen „bewegt" und „ruhend" nicht absolut, sondern relativ sind. Der Beobachter in der Rakete betrachtet sich und die Uhr C als ruhend. In seinem Bezugssystem bewegen Sie und die Uhren A und B sich mit der Geschwindigkeit v in Gegenrichtung. Für ihn finden die Begegnung von C mit A und die Begegnung von C mit B am selben Ort statt, erst saust Uhr A, dann Uhr B vorbei. In der Zwischenzeit hat das Lichtsignal in

Relativitätstheorie

der Uhr C laut Voraussetzung genau die Strecke $l = c \cdot t_0$ zurückgelegt, jedenfalls aus Sicht des Beobachters in der Rakete.
Die von der Uhr C gemessene Zeit $t_0 = 1$ ns heißt Eigenzeit.

Ganz anders stellt sich die Situation für Sie in dem Bezugssystem dar, in dem die beiden Uhren A und B ruhen: Die Begegnungen finden an verschiedenen Orten statt. Während das Lichtsignal in Uhr C unterwegs war, hat sich Uhr C mit der Geschwindigkeit v voranbewegt. Das Lichtsignal hat also in Uhr C einen schrägen Weg s zurückgelegt, der länger als l ist. Während der dabei in ihrem eigenen Bezugssystem vergangenen Zeit konnten die Lichtsignale in den Uhren A und B ebenfalls den Weg s zurücklegen, die Lichtgeschwindigkeit ist ja in allen Bezugssystemen gleich. Also haben die Lichtsignale in Uhr A und Uhr B die Reflexion am unteren Spiegel jetzt schon hinter sich. Beide ruhenden Uhren zeigen also eine Zeit t an, die größer als die Eigenzeit $t_0 = 1$ ns ist.

Wir wollen sie ausrechnen. In der Zeit t hat Uhr C in dem Bezugssystem, in dem Sie und die Uhren A und B ruhen, die Strecke vt zurückgelegt und das Lichtsignal währenddessen die Strecke $s = ct$. Im Bezugssystem der Rakete hat das Lichtsignal in der Zeit t_0 die Strecke $l = ct_0$ zurückgelegt.
Der Abbildung entnehmen wir:

$$l^2 + (vt)^2 = s^2$$
$$(ct_0)^2 + (vt)^2 = (ct)^2$$
$$t_0^2 + \left(\frac{v}{c}\right)^2 t^2 = t^2$$
$$t_0^2 = \left(1 - \left(\frac{v}{c}\right)^2\right) t^2$$
$$t = \frac{1}{\sqrt{1 - \left(\frac{v}{c}\right)^2}} \cdot t_0$$

> **Definition**
>
> Das Zeitintervall zwischen zwei Ereignissen, die in einem Bezugssystem S *am selben Ort* stattfinden, heißt **Eigenzeit** t_0.
> Für einen Beobachter in einem anderen Bezugssystem, das sich relativ zum Bezugssystem S mit der Geschwindigkeit $v = \beta \cdot c$ bewegt, finden diese Ereignisse an *verschiedenen Orten* statt. Er misst ein Zeitintervall t, das um den Faktor γ größer ist als die Eigenzeit:
>
> $$t = \gamma \cdot t_0$$
>
> Dieser Effekt heißt **Zeitdilatation**.
> Es gilt $\gamma = \dfrac{1}{\sqrt{1-\beta^2}}$ mit $\beta = \dfrac{v}{c}$

Für die obige Zeichnung wurde $\beta = 0{,}87$ gewählt. Dann ergibt sich $\gamma = 2{,}0$ und damit $t = 2{,}0$ ns.

Relativitätstheorie

So wie es keine absolute Zeitangabe gibt, gibt es auch keine absolute Längenangabe. Die Länge eines Körpers in seiner Bewegungsrichtung hängt von dem Bezugssystem ab, in dem die Längenmessung durchgeführt wird.

Stellen wir uns vor, wir wollen die Länge eines Stabes messen, der mit sehr großer Geschwindigkeit an uns vorbeifliegt. Wir müssen irgendwie dafür sorgen, dass von seinem Anfangspunkt und seinem Endpunkt je eine Markierung in unserem Bezugssystem hinterlassen wird. Dies muss natürlich gleichzeitig erfolgen. Der Abstand der beiden Markierungen ist für uns die Länge des Stabes. Aber nun kommt die Schwierigkeit. Da es keine absolute Zeitangabe gibt, gibt es auch keine absolute Gleichzeitigkeit. Die Markierung ist nur für uns gleichzeitig erfolgt. Für einen Beobachter, der sich mit dem Stab mitbewegt, ist sie zu verschiedenen Zeiten erfolgt und deshalb entspricht die von uns gemessene Länge nicht der wahren Länge. Die kann nur in dem Bezugssystem gemessen werden, in dem der Stab ruht.

> **Definition**
>
> Die Länge eines Stabes, die in dem Bezugssystem S gemessen wird, in dem er ruht, heißt **Ruhlänge** l_R.
>
> Ein Beobachter in einem anderen Bezugssystem, das sich relativ zu S mit der Geschwindigkeit $v = \beta \cdot c$ bewegt, misst eine um den Faktor $\frac{1}{\gamma}$ verkürzte Länge l des Stabes:
>
> $$l = \frac{1}{\gamma} \cdot l_R$$
>
> Dieser Effekt heißt **Längenkontraktion**.
>
> Es gilt: $\gamma = \frac{1}{\gamma}\sqrt{1-\beta^2}$ mit $\beta = \frac{v}{c}$

Lassen Sie sich nicht entmutigen, wenn Sie diese schwierigen Zusammenhänge nicht auf Anhieb verstehen. So geht es den Meisten. Vielleicht fasziniert Sie jedoch die Tatsache, dass Zeit und Raum auf so vertrackte Weise zusammenhängen, und Sie haben Lust bekommen, sich genauer damit zu beschäftigen. Dann hat dieses Kapitel seinen Zweck erfüllt. Es gibt eine Fülle ausführlicher Bücher dazu.

Aufgaben 1.1; 1.2 am Ende des Kapitels

1.3 Die relativistische Massenzunahme

Die bei hohen Geschwindigkeiten auftretende Zeitdilatation wirkt sich auch auf andere Grundgrößen der Mechanik aus. Ein erstes Beispiel ist die Masse, die ja ein Maß für die Trägheit eines Körpers ist.

Betrachten wir in einem Gedankenexperiment ein Auto der Masse $m_0 = 1000$ kg. Es durchfährt mit gleichmäßigem Tempo im Bezugssystem K eine 100 m lange Messstrecke in y-Richtung in 4 s. Somit hat es die Ge-

Relativitätstheorie

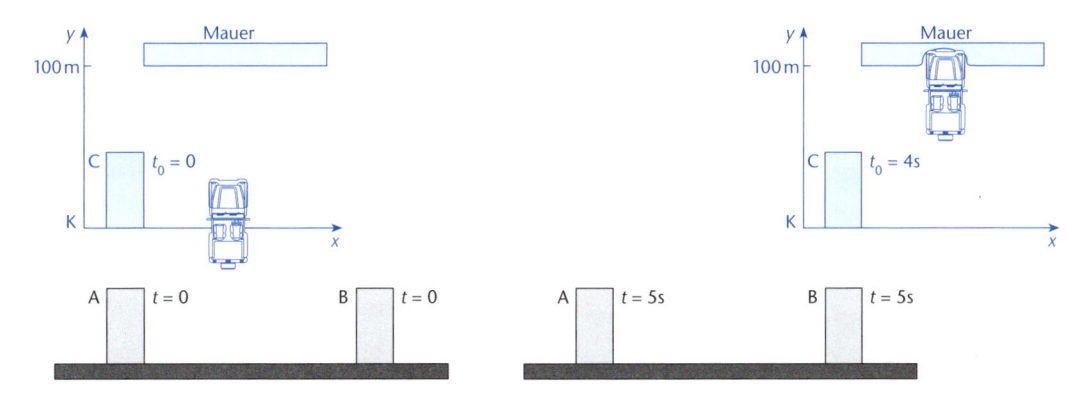

schwindigkeit $v_A = 25 \text{ m s}^{-1}$. Mit dieser Geschwindigkeit prallt das Auto frontal auf eine Mauer.

Die Tiefe des in der Mauer entstehenden Lochs ist ein Maß für den Impuls p, den das Auto gehabt hat:

$p = m_0 \cdot v_A = 1000 \text{ kg} \cdot 25 \text{ m s}^{-1} = 25\,000 \text{ kg m s}^{-1}$

Stellen wir uns vor, wir seien ruhende Beobachter und das ganze Bezugssystem K mit Auto und Mauer rase in x-Richtung mit der Geschwindigkeit $v = 1{,}8 \cdot 10^8 \text{ m s}^{-1} = 0{,}6c$ an uns vorbei. Zwar ist die Messstrecke in y-Richtung auch für uns 100 m lang, wegen der Zeitdilatation wird sie aber für uns nicht in $t_0 = 4 \text{ s}$, sondern in der Zeit $t = \dfrac{1}{\sqrt{1-\beta^2}} \cdot t_0 = \dfrac{1}{\sqrt{1-0{,}6^2}} \cdot 4 \text{ s} = 5 \text{ s}$ durchfahren.

Uns erscheint die Geschwindigkeit des Autos in y-Richtung also auf $v'_A = \dfrac{100 \text{ m}}{5 \text{ s}} = 20 \text{ m s}^{-1}$ verringert.

Da das Loch in der Mauer auch für uns dieselbe Tiefe hat, ist der Impuls $p' = m \cdot v'_A$ aus unserer Sicht ebenso $25\,000 \text{ kg m s}^{-1}$ wie aus der Sicht eines in K ruhenden Beobachters.

Es bleibt nur eine Erklärung: Für uns hat das Auto statt der „Ruhmasse" $m_0 = 1000 \text{ kg}$ die Masse $m = \dfrac{p'}{v'_A} = \dfrac{25\,000 \text{ kg m s}^{-1}}{20 \text{ m s}^{-1}} = 1250 \text{ kg}$.

Definition

Die Masse eines ruhenden Körpers ist seine **Ruhmasse** m_0.

Die Masse m eines mit der Geschwindigkeit $v = \beta \cdot c$ bewegten Körpers ist größer als seine Ruhmasse:

$m = \gamma \cdot m_0$ oder $m = \dfrac{1}{\sqrt{1-\beta^2}} \cdot m_0$

Relativitätstheorie

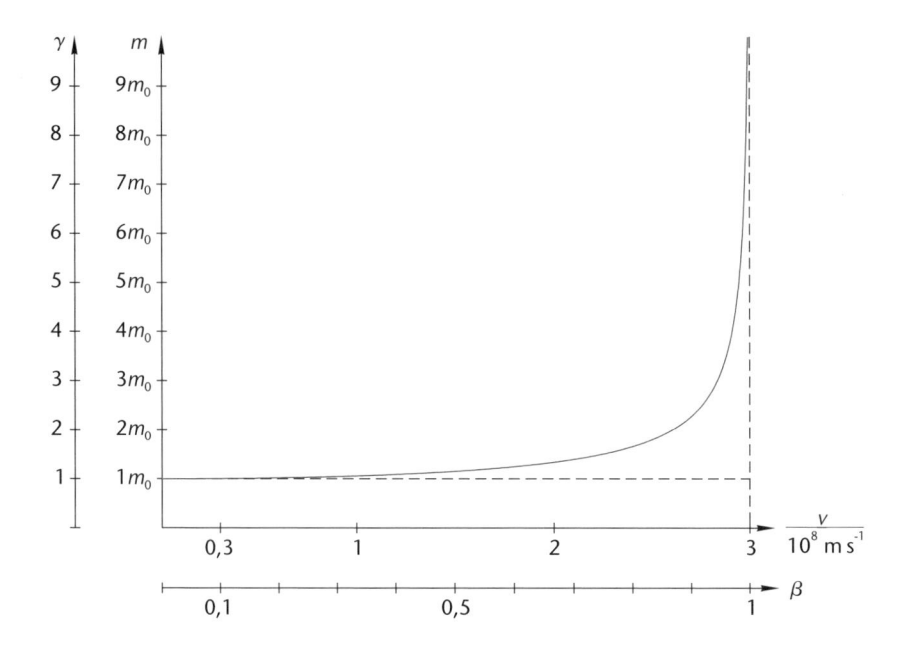

Die relativistische Massenzunahme beträgt dann:

$$\Delta m = m - m_0 = \gamma \cdot m_0 - m_0 = (\gamma - 1) \cdot m_0$$

Für eine Rakete der Ruhmasse $m_0 = 10^6$ kg, die sich mit $v = 3 \cdot 10^3$ m s^{-1} bewegt, errechnet Ihr Taschenrechner:

$$\beta = \frac{3 \cdot 10^3 \text{ m s}^{-1}}{3 \cdot 10^8 \text{ m s}^{-1}} = 10^{-5} \quad \Rightarrow \quad \gamma = \frac{1}{\sqrt{1-(10^{-5})^2}} = 1$$

$$\Rightarrow \quad \Delta m = 0$$

Das unbefriedigende Resultat ergibt sich, weil der Taschenrechner $1 - (10^{-5})^2$ nicht exakt angibt. Man kann aber, wenn β *deutlich* kleiner als 1 ist, den Faktor γ auch mit einer Näherungsformel berechnen:

$$\gamma = \frac{1}{\sqrt{1-\beta^2}} \approx 1 + \frac{1}{2}\beta^2$$

$$\beta = 10^{-5}: \quad \gamma = 1 + \frac{1}{2}(10^{-5})^2 = 1 + 5 \cdot 10^{-11}$$

$$\Delta m = (\gamma - 1) \cdot m_0 = 5 \cdot 10^{-11} \cdot 10^6 \text{ kg} = 5 \cdot 10^{-5} \text{ kg}$$

Auch bei schon fast 10facher Schallgeschwindigkeit ist die Massenzunahme mit 50 Milligramm pro 1000 Tonnen praktisch überhaupt noch nicht feststellbar.

Ein atomares Teilchen aber kann in einem Beschleuniger durchaus die Geschwindigkeit $v = 0{,}999999c$ erreichen. Wegen $\gamma = \dfrac{1}{\sqrt{1-0{,}999999^2}} = 707$ ist seine Masse dann das 707fache seiner Ruhmasse. Die relativistische Massenzunahme liefert also den dominierenden Beitrag zur Trägheit dieses Teilchens.

Relativitätstheorie

Wir merken uns die Faustregel:

> **Regel**
> Relativistische Effekte machen sich erst bemerkbar, wenn sich Körper schneller als mit 10 % der Lichtgeschwindigkeit bewegen.

Bei Aufgaben müssen Sie also immer erst mal nachschauen, ob die Geschwindigkeit v größer ist als $0,1 \cdot c = 3 \cdot 10^7 \, \text{m s}^{-1}$.

Wenn v nicht angegeben ist, so empfiehlt es sich, zunächst v mit klassischen Formeln auszurechnen. Nur wenn sich $v > 0,1c$ ergibt, müssen Sie alles mit den komplizierten relativistischen Formeln berechnen.

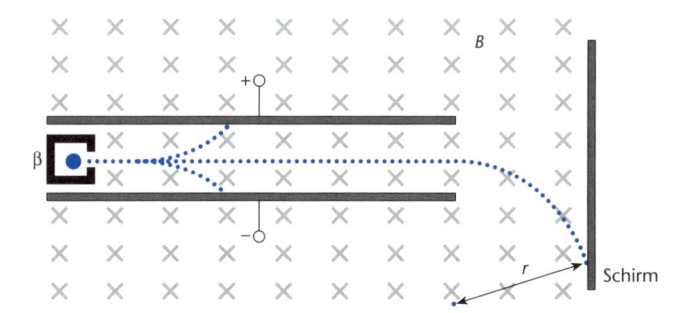

Die überraschende Aussage der Relativitätstheorie, dass die Masse eines Körpers von seiner Geschwindigkeit abhängt, wurde 1909 durch einen von BUCHERER durchgeführten Versuch für das Elektron bestätigt.

Ein radioaktiver β-Strahler sendet Elektronen aus. Sie haben alle möglichen Geschwindigkeiten im Bereich zwischen etwa $0,20c$ und $0,95c$. Mit einem Geschwindigkeitsfilter lassen sich Elektronen jeder gewünschten Geschwindigkeit aussondern. Es besteht aus dem elektrischen Feld eines sehr eng gebauten Plattenkondensators und einem dazu senkrechten Magnetfeld.

Ein Elektron hat die negative Elementarladung $e = 1{,}60 \cdot 10^{-19}$ C. Im *elektrischen* Feld der Feldstärke E wird es mit der Kraft $F_e = eE$ nach oben zur positiv geladenen Platte abgelenkt. Im *magnetischen* Feld der Flussdichte B wird es, wir wir aus Kapitel 4.1 von mentor „Mehr Erfolg in Physik, Abitur, Elektrizität und Magnetismus" wissen, mit der Kraft $F_m = evB$ nach unten abgelenkt.

Die Kraft des elektrischen Feldes hängt nicht von der Elektronengeschwindigkeit v ab, die des Magnetfelds hingegen schon. Nur für Elektronen einer einzigen Geschwindigkeit v kompensieren sich beide Kräfte:

$$F_m = F_e \quad \Rightarrow \quad evB = eE \quad \Rightarrow \quad v = \frac{E}{B}$$

Diese Elektronen bewegen sich im Geschwindigkeitsfilter geradeaus und danach, im Magnetfeld außerhalb des Kondensators, auf einer Kreisbahn. Dort wirkt die Kraft F_m als Zentripetalkraft F_z:

$$F_z = F_m \quad \Rightarrow \quad \frac{mv^2}{r} = evB \quad \Rightarrow \quad m = \frac{eBr}{v}$$

Relativitätstheorie

Aufgabe 1.3 am Ende des Kapitels

BUCHERER variierte die elektrische Feldstärke E des Kondensators und damit die Geschwindigkeit v der untersuchten Elektronen. Durch Messungen der jeweiligen Kreisbahnradien r bestimmte er die zugehörige Elelektronenmasse m und bestätigte, dass sie gegenüber der Ruhmasse $m_0 = 9{,}11 \cdot 10^{-31}$ kg um den Faktor γ erhöht ist.

1.4 Äquivalenz von Masse und Energie

Die wohl wichtigste Erkenntnis der Relativitätstheorie lässt sich gewinnen, wenn man die Formel für die relativistische Masse

$$m = \frac{1}{\sqrt{1-\beta^2}} \cdot m_0$$

durch die Näherungsformel $\dfrac{1}{\sqrt{1-\beta^2}} \approx 1 + \dfrac{1}{2}\beta^2 + \dfrac{3}{8}\beta^4 + \ldots$ ersetzt:

$$\Rightarrow \quad m = \left(1 + \frac{1}{2}\left(\frac{v}{c}\right)^2 + \frac{3}{8}\left(\frac{v}{c}\right)^4 + \ldots\right) \cdot m_0 \quad \Rightarrow \quad m = m_0 + \frac{1}{2}m_0\frac{v^2}{c^2} + \frac{3}{8}m_0\frac{v^4}{c^4} + \ldots$$

Multipliziert man diese Gleichung mit c^2, so ergibt sich:

$$mc^2 = m_0 c^2 + \frac{1}{2}m_0 v^2 + \frac{3}{8}m_0 \frac{v^4}{c^2} + \ldots$$

Vielleicht geht es Ihnen jetzt wie EINSTEIN und Sie wundern sich über den Term $\frac{1}{2}m_0 v^2$. Man sollte annehmen, dass es sich dabei um die kinetische Energie eines mit der Geschwindigkeit v bewegten Körpers der Masse m_0 handelt. Dann müssen aber doch *alle* Terme, die hier summiert werden, Energien darstellen!

EINSTEIN erkannte: mc^2 ist die Gesamtenergie eines Körpers der relativistischen Masse m, die sich aus zwei Teilen zusammensetzt.
$m_0 c^2$ hängt (außer von dem konstanten Faktor c^2) nur von der Ruhmasse m_0 ab. Diesen Teil nannte er **Ruhenergie**.
Der andere Teil $\frac{1}{2}m_0 v^2 + \frac{3}{8}m_0 \frac{v^4}{c^2} + \ldots$ aber hängt außerdem noch von der Geschwindigkeit v ab. Er muss also eigentlich die kinetische Energie sein und nicht $\frac{1}{2}m_0 v^2$ allein. Bei Geschwindigkeiten unter $0{,}1c$ ist die Abweichung allerdings zu vernachlässigen.

Aber fassen wir erstmal zusammen:

> Ein ruhender Körper mit der Ruhmasse m_0 hat die **Ruhenergie** $E_0 = m_0 c^2$.
> Die **Gesamtenergie** $E = mc^2$ eines sehr schnell bewegten Körpers besteht aus Ruhenergie und kinetischer Energie:
> $E = E_0 + E_k$

Relativitätstheorie

Das Merkwürdigste aber ist doch, dass sich die Masse m und die Energie E nur durch den konstanten Faktor c^2 unterscheiden. Eine Erhöhung der kinetischen Energie eines Körpers bewirkt eine Erhöhung der Gesamtenergie und so *gleichzeitig* eine Erhöhung seiner Masse!
In diesem Sinne sind Masse und Energie zwei gleichwertige Aspekte ein und derselben Sache. Man bezeichnet dies als die **Äquivalenz von Masse und Energie**.

Ein winziger 1 mg schwerer Körper hat bereits die enorme Ruhenergie von $E_0 = m_0 c^2 = 10^{-6}$ kg $\cdot (3 \cdot 10^8$ m s$^{-1})^2 = 9 \cdot 10^{10}$ J und bei normalen Geschwindigkeiten übertrifft sie damit bei weitem jede Energie, die dieser Körper außerdem noch haben kann. Aber wir merken von der Ruhenergie normalerweise nichts, denn sie ist an den Ihnen bisher bekannten Energieumwandlungen gar nicht beteiligt. Nur durch Kernspaltung oder Kernfusion lässt sich ein kleiner Prozentsatz der Ruhenergie in andere Energieformen überführen und erst dabei macht sie sich bemerkbar.

Es ist üblich, die Ruhenergie von Elementarteilchen nicht in Joule, sondern in Megaelektronvolt (MeV) anzugeben. Aus Kapitel 2.2 des mentor-Bandes „Elektrizität und Magnetismus" wissen wir, dass ein Elektronvolt (1 eV) diejenige Energie ist, die ein Elektron beim Durchlaufen der Spannung 1 V gewinnt: 1 eV = $1{,}60 \cdot 10^{-19}$ J

Ein Elektron hat die Ruhmasse $m_0 = 9{,}11 \cdot 10^{-31}$ kg und somit die Ruhenergie **Ruhenergie des Elektrons**

$m_0 \cdot c^2 = 9{,}11 \cdot 10^{-31}$ kg $\cdot (3{,}00 \cdot 10^8$ m s$^{-1})^2 = 8{,}20 \cdot 10^{-14}$ J $= \dfrac{8{,}20 \cdot 10^{-14}}{1{,}60 \cdot 10^{-19}}$ eV =

$= 5{,}13 \cdot 10^5$ eV $= 0{,}513$ MeV

Mit präziseren Messwerten kommt man zu dem Ergebnis: Ein Elektron hat die Ruhenergie 0,511 MeV.

Der Aufwand für die Beschleunigung eines Elektrons lässt sich damit leicht abschätzen. Nach Durchlaufen der Spannung 0,511 MV ist die kinetische Energie ebenso groß wie die Ruhenergie. Die Gesamtenergie und somit auch die Masse haben sich gegenüber dem Ruhezustand dann verdoppelt.

Für die kinetische Energie gilt:
$$E_k = E - E_0 = mc^2 - m_0 c^2 = \gamma m_0 c^2 - m_0 c^2 = (\gamma - 1) m_0 c^2$$

> Die **kinetische Energie** E_k eines mit der Geschwindigkeit $v = \beta \cdot c$ bewegten Körpers ist:
> $$E_k = (\gamma - 1) \cdot E_0$$
> Dabei ist $E_0 = m_0 c^2$ die Ruhenergie des Körpers. Es gilt: $\gamma = \dfrac{1}{\sqrt{1-\beta^2}}$

Relativitätstheorie

Wegen $E_k = m \cdot c^2 - m_0 c^2 = (m - m_0)c^2$ lässt sich die Formel für die kinetische Energie auch so angeben:

$$E_k = \Delta m \cdot c^2$$

Es sei extra noch einmal betont:

Die so vertraute, einfache Formel für die kinetische Energie $E_k = \frac{1}{2} m_0 v^2$

darf nur für Geschwindigkeiten unterhalb $v = 0{,}1c$ verwendet werden. Sie liefert nur in diesem Geschwindigkeitsbereich die gleichen Ergebnisse wie die korrekte Formel $E_k = \left(\frac{1}{\sqrt{1 - \frac{v^2}{c^2}}} - 1 \right) \cdot m_0 c^2$.

Wir können nun die relativistische Massenzunahme besser verstehen:

> Führt man einem Körper die kinetische Energie E_k zu, so erhöht sich seine Masse um $\Delta m = \frac{E_k}{c^2}$.

Erinnern Sie sich noch an die in Abschnitt 1.3 erwähnte 1000 Tonnen schwere Rakete? Sie wird von Null auf 3 km s^{-1} beschleunigt, wenn ihr die Energie $E_k = \frac{1}{2} m_0 v^2 = \frac{1}{2} \cdot 10^6 \text{ kg } (3 \cdot 10^3 \text{ m s}^{-1})^2 = 4{,}5 \cdot 10^{12}$ J zugeführt wird. Dabei erhöht sich ihre Masse um $\Delta m = \frac{E_k}{c^2} = \frac{4{,}5 \cdot 10^{12} \text{ J}}{(3 \cdot 10^8 \text{ m s}^{-1})^2} = 5 \cdot 10^{-5}$ kg.

Die Rakete ist also nur deshalb um 50 Milligramm schwerer geworden, weil ihr die Energie $4{,}5 \cdot 10^{12}$ J zugeführt wurde.

Weil jede Energiezufuhr eine Vergrößerung der Masse eines Körpers und damit seiner Trägheit bewirkt, entsteht bei Annäherung an die Lichtgeschwindigkeit für jede weitere Geschwindigkeitserhöhung ein immer gigantischerer Energiebedarf. Die Lichtgeschwindigkeit selbst kann überhaupt nicht erreicht werden, dazu würde man unendlich viel Energie benötigen. So wird klar:

> **Regel**
> Bei allen materiellen Körpern bleibt die Geschwindigkeit stets unterhalb der Vakuumlichtgeschwindigkeit c.

Aufgaben 1.4–1.8 am Ende des Kapitels

Dies ist in allen Formeln der Relativitätstheorie stillschweigend vorausgesetzt gewesen.

Nebenbei bemerkt: In einem durchsichtigen *Medium* ist die Lichtgeschwindigkeit deutlich geringer als $c = 3 \cdot 10^{-8}\,\text{m}\,\text{s}^{-1}$ und es kann durchaus vorkommen, dass Teilchen sich schneller als mit c_M, der Lichtgeschwindigkeit im Medium, bewegen.

1.5 Übungsaufgaben zu Kapitel 1

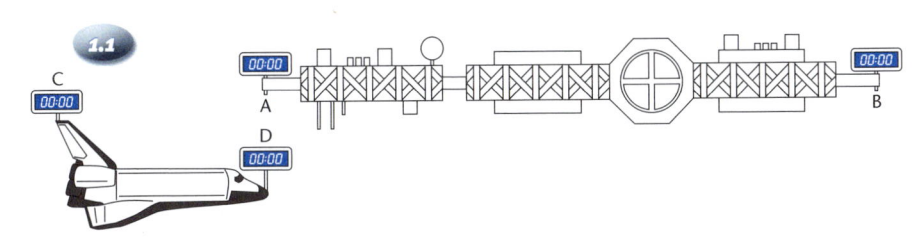

1.1

In ferner Zukunft fliegt ein Raumschiff mit der Geschwindigkeit $1{,}00 \cdot 10^8\,\text{m}\,\text{s}^{-1}$ an einer Messstrecke vorbei.
Die Messstrecke hat die Ruhlänge 100 km. An ihren beiden Enden befinden sich die Uhren A und B, die von einem Streckenposten abgelesen werden.
Das Raumschiff hat die Ruhlänge 100 m. An seinen beiden Enden befinden sich die Uhren C und D, die von einem Astronauten abgelesen werden.

a) Das Zeitintervall, in dem die Spitze des Raumschiffs die Messstrecke durchfliegt, beginnt in dem Moment, in dem Uhr D an Uhr A vorbeikommt und endet in dem Moment, in dem Uhr D an Uhr B vorbeikommt.
Welche Zeit misst der Streckenposten? Welche Zeit misst der Astronaut?

b) Das Zeitintervall, in dem das Raumschiff in voller Länge am Anfangspunkt der Messstrecke vorbeifliegt, beginnt in dem Moment, in dem Uhr D an Uhr A vorbeikommt, und endet in dem Moment, in dem Uhr C an Uhr A vorbeikommt.
Welche Zeit misst der Astronaut? Welche Zeit misst der Streckenposten?

c) Welche Länge hat die Messstrecke bei einer Messung durch den Streckenposten?
Welche Länge hat sie bei einer Messung durch den Astronauten?

d) Welche Länge hat das Raumschiff bei einer Messung durch den Astronauten?
Welche Länge hat es bei einer Messung durch den Streckenposten?

Relativitätstheorie

Aufgabe 1.2 Zeitdilatation und Längenkontraktion werden schon heute in der Natur beobachtet: In der oberen Atmosphäre in 20 km Höhe werden durch die kosmische Strahlung Myonen erzeugt, die dann mit der Geschwindigkeit $v = 0{,}9998c$ direkt bis zur Erdoberfläche fliegen, wo sie nachgewiesen werden. Myonen sind instabile Elementarteilchen. In dem Bezugssystem, in dem sie ruhen, existieren sie im Mittel nur 1,52 µs lang. Dann wandeln sie sich in andere Teilchen um.

a) Berechnen Sie, ob ein Myon mit $v = 0{,}9998c$ in der Zeit $t_0 = 1{,}52$ µs eine 20 km lange Strecke zurücklegen kann.

b) Aus der Sicht eines auf der Erde ruhenden Beobachters existiert ein Myon wegen der Zeitdilatation länger als 1,52 µs.
Welche Lebensdauer t des Myons wird von ihm gemessen?
Kann das Myon in der Zeit t bis zur Erdoberfläche gelangen?

c) Berechnen Sie nun die Dinge aus der Sicht eines Beobachters, der mit dem Myon mitfliegt. Er misst als Lebensdauer des Myons die Eigenzeit $t_0 = 1{,}52$ µs. Die Erdoberfläche kommt ihm mit $v = 0{,}9998c$ entgegen.
Welche Länge l hat für ihn die durch Längenkontraktion verkürzte Strecke bis zur Erdoberfläche?
Kann für ihn das Myon in der Zeit t_0 bis zur Erdoberfläche gelangen?

Aufgabe 1.3 Bei einem BUCHERER-Versuch beträgt die Geschwindigkeit der Elektronen 93 % der Lichtgeschwindigkeit. In einem homogenen Magnetfeld der Flussdichte 85 mT bewegen sie sich senkrecht zu den Feldlinien auf einer Kreisbahn mit dem Radius 5,1 cm.

a) Welche Elektronenmasse ergibt sich aus den Messdaten?

Lösungshinweis: Verwenden Sie die Zentripetalkraft, die für die Kreisbewegung des Elektrons sorgt.

b) Die experimentell bestimmte Masse ist größer als die Ruhmasse des Elektrons. Zeigen Sie, dass sie sich mit der relativistischen Massenformel korrekt berechnen lässt.

Anmerkung: Wenn Sie Probleme mit dem Umformen der Einheiten haben, so können Sie die Tabelle am Ende des Buches benutzen.

Aufgabe 1.4 Eine Faustregel besagt: „Ab 10 % der Lichtgeschwindigkeit c muss relativistisch gerechnet werden."

a) Welche Masse hat ein Elektron (Ruhmasse $m_0 = 9{,}1094 \cdot 10^{-31}$ kg) bei der Geschwindigkeit $v = 0{,}10 \cdot c$?
Berechnen Sie den Quotienten $\frac{\Delta m}{m_0}$, der die relativistische Massenzunahme Δm im Verhältnis zur Ruhmasse m_0 angibt.

b) Durch welche Spannung wird ein Elektron aus der Ruhe auf die Geschwindigkeit $v = 0{,}10 \cdot c$ beschleunigt?

1.5 Ein Elementarteilchen bewegt sich mit der Geschwindigkeit $v = \beta \cdot c$, wobei c die Lichtgeschwindigkeit ist.

a) Geben Sie in einer Wertetabelle für $\beta = 0{,}10;\ 0{,}20;\ 0{,}30;\ \ldots;\ 0{,}90$ jeweils die Masse m des Teilchens als Vielfaches seiner Ruhmasse m_0 an.
Zeichnen Sie das zugehörige Geschwindigkeit-Masse-Diagramm.

b) Geben Sie in einer Wertetabelle für $\beta = 0{,}10;\ 0{,}20;\ 0{,}30;\ \ldots;\ 0{,}90$ jeweils die kinetische Energie E_k und den Wert $\frac{1}{2} m_0 v^2$ als Vielfaches der Ruhenergie E_0 des Teilchens an.
Zeichnen Sie das zugehörige Geschwindigkeit-kinetische-Energie-Diagramm und dazu die Werte $\frac{1}{2} m_0 v^2$.

1.6 Ein Proton (Ruhmasse $m_0 = 1{,}67 \cdot 10^{-27}$ kg) hat eine Geschwindigkeit von $2{,}70 \cdot 10^8$ m s^{-1}.

a) Berechnen Sie die relativistische Massenzunahme und die Masse.

b) Berechnen Sie die Ruhenergie, die kinetische Energie und die Gesamtenergie.

c) Vergleichen Sie die spezifische Ladung $\frac{e}{m}$ dieses Protons mit der eines ruhenden Protons.

d) Durch welche Spannung kann das Proton auf die Geschwindigkeit $2{,}97 \cdot 10^8$ m s^{-1} beschleunigt werden?

1.7 Welche Endgeschwindigkeit erreichen Elektronen, die aus der Ruhe heraus durch die Spannung 650 kV beschleunigt werden?

1.8 Die von einem radioaktiven β-Strahler emittierten Elektronen gelangen senkrecht zu den Feldlinien in ein homogenes Magnetfeld mit der Flussdichte $0{,}15$ T und bewegen sich auf einer Kreisbahn mit dem Radius $4{,}2$ cm. Berechnen Sie die relativistische Geschwindigkeit dieser Elektronen und ihre kinetische Energie in MeV.

2 Quantenphysik: Dualismus Welle–Teilchen

2.1 Der Fotoeffekt

Im 19. Jahrhundert wurde die Wellennatur des Lichts durch zahlreiche Versuche bewiesen. Nur mit der Wellentheorie ließen sich nämlich die Interferenzerscheinungen am Doppelspalt erklären. Licht ist polarisierbar, also muss es eine Transversalwelle sein. Die Gleichartigkeit von Licht und Dipolstrahlung zeigte: Licht ist eine elektromagnetische Welle.

Nur der Ausgang eines Experiments passte nicht ins Bild:

Wird eine Zinkplatte auf ein Elektroskop gesteckt, negativ aufgeladen und dann mit dem Licht einer Quecksilberdampflampe bestrahlt, so verschwindet der Ausschlag des Elektroskops. Dies zeigt, dass die Metallplatte ihren Elektronenüberschuss verloren hat.

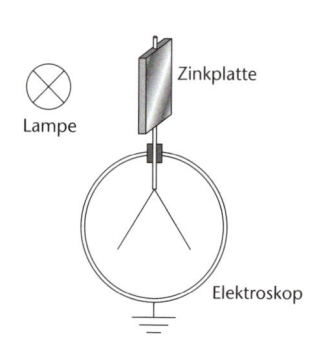

Definition

Wenn Licht Elektronen aus einer Metalloberfläche herauslöst, wird dies als **Fotoeffekt** oder **lichtelektrischer Effekt** bezeichnet.

Befindet sich eine Glasscheibe zwischen Lampe und Zinkplatte, so wird das Metall *nicht* entladen. Glas lässt nur den sichtbaren Anteil des von der Quecksilberdampflampe abgegebenen Lichts durch, nicht aber den ultravioletten. Also ist das UV-Licht, dessen Frequenz höher ist als die des sichtbaren Lichts, für die Freisetzung der Elektronen aus der Zinkplatte verantwortlich.

Quantenphysik: Dualismus Welle–Teilchen

Man stellt fest:

- Es gibt keinen Fotoeffekt, wenn die Frequenz des Lichts geringer als die **Grenzfrequenz** f_g ist. Diese ist charakteristisch für die Art des Metalls.
- Die ersten Elektronen werden sofort bei Beginn der Beleuchtung aus dem Metall ausgelöst.

Beide Beobachtungen stehen im Widerspruch zum Wellenmodell des Lichts. Es besagt, dass die Elektronen durch das elektrische Feld der elektromagnetischen Lichtwelle in Schwingungen versetzt werden. Die Amplitude dieser Schwingungen nimmt so lange zu, bis die Elektronen genügend Energie haben, das Metall zu verlassen. Dies müsste sich durch Herabsetzen der Helligkeit des Lichts beliebig hinauszögern lassen. Solch ein verspätetes Einsetzen des Fotoeffekts wird jedoch niemals beobachtet.

Statt „Helligkeit" verwenden Physiker übrigens lieber den exakt definierten Begriff *Intensität*.
Wenn bei gleichmäßiger Beleuchtung auf eine zur Ausbreitungsrichtung des Lichts senkrecht stehende Fläche A in der Zeit t die Strahlungsenergie E auftrifft, so hat dieses Licht die **Intensität** $I = \dfrac{E}{t \cdot A}$.

Da $P = \dfrac{E}{t}$ die mit dem Licht transportierte Strahlungsleistung darstellt, kann man auch sagen:

> Die **Intensität** ist die Strahlungsleistung pro Flächeneinheit: $I = \dfrac{P}{A}$

Definition

Nach dem Wellenmodell müsste eine Erhöhung der Lichtintensität einen Anstieg der von jedem einzelnen Elektron absorbierten Energie bewirken und so zu einer Erhöhung der kinetischen Energie der Elektronen führen.
Das lässt sich überprüfen: Die kinetische Energie eines Fotoelektrons wird mit der **Gegenfeldmethode** gemessen.
Dazu wird eine Fotokathode K, die Metallschicht in einer Fotozelle, mit einfarbigem Licht bestrahlt. Die austretenden Elektronen gelangen im Vakuum

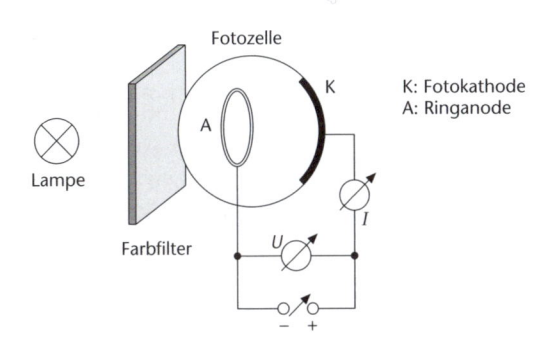

bis zu einer Drahtringelektrode A und fließen als Fotostrom I über ein empfindliches Strommessgerät zur Fotokathode zurück.

Schaltet man in diesen Stromkreis eine regelbare Spannungsquelle, die die Ringelektrode mit ihrem Minuspol verbindet, so müssen die aus K austretenden Fotoelektronen gegen ein elektrisches Feld anlaufen. Die Gegenspannung U wird so lange erhöht, bis der Fotostrom Null wird. Nun reicht auch beim schnellsten Elektron die kinetische Energie E_k nicht mehr aus, den Energieverlust $W_e = eU$ im Gegenfeld zu überwinden.

Mit der Bremsspannung U lässt sich also die kinetische Energie des Fotoelektrons ganz einfach messen: $E_k = eU$
Es zeigt sich, dass sie unabhängig von der Intensität des eingestrahlten Lichts ist. Dies steht ebenfalls im Widerspruch zum Wellenmodell des Lichts.

Der Versuch wird mehrmals mit unterschiedlichen Farbfiltern wiederholt, die jeweils Licht einer anderen Frequenz durchlassen. In einem Frequenz-Energie-Diagramm liegen die Messpunkte auf einer Geraden mit der Gleichung $E_k = hf - W$:

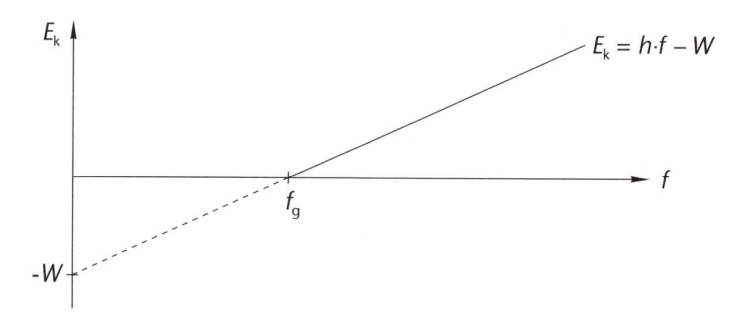

Diese Gerade ist durch die Steigung h und den Achsenabschnitt $-W$ gekennzeichnet. Im nächsten Abschnitt lernen wir dann die Bedeutung beider Größen kennen.

2.2 Das Teilchenmodell des Lichts

ALBERT EINSTEIN gelang es 1905, den Fotoeffekt zu deuten. In einer Arbeit, die er gleichzeitig mit seiner Relativitätstheorie veröffentlichte, schrieb er, dass die Wellentheorie des Lichts immer dann „zu Widersprüchen mit der Erfahrung führt, wenn man sie auf die Erscheinungen der Lichterzeugung und Lichtverwandlung anwendet".

Beim Fotoeffekt wird Licht in Energie der Elektronen verwandelt. In solchen Fällen sei das Teilchenmodell des Lichts anzuwenden.

Energiequanten

Es besagt: Die Energie des Lichts ist nicht kontinuierlich im Raum verteilt, sondern auf viele einzelne kleine *Energiequanten*. Diese bewegen sich mit Lichtgeschwindigkeit und können nur als Ganze erzeugt oder absorbiert werden.

Quantenphysik: Dualismus Welle–Teilchen

> Licht besteht aus Teilchen. Sie heißen **Photonen**. In Licht der Frequenz f hat jedes Photon die Energie:
>
> $E = h \cdot f$
>
> Die Naturkonstante $h = 6{,}63 \cdot 10^{-34}\,\text{Js}$ heißt PLANCKsches **Wirkungsquantum**.

Sie wurde nach ihrem Entdecker, dem Physiker MAX PLANCK, benannt.

Mit dem Teilchenmodell des Lichts können wir den Fotoeffekt deuten:

> Ein Photon gibt seine ganze Energie hf an ein Elektron ab.
> Beim Herauslösen des Elektrons aus der Oberflächenschicht wird die **Austrittsarbeit** W verrichtet.
> Die kinetische Energie $E_k = \frac{1}{2}mv^2$ des Elektrons ist deshalb etwas geringer als die Energie des Photons:
>
> $E_k = hf - W$

Dies ist die Gleichung der Geraden im Frequenz-Energie-Diagramm auf Seite 22. Ihm lässt sich entnehmen:

- Die Steigung der Geraden ist das PLANCKsche Wirkungsquantum h. Es kann aus zwei Geradenpunkten $(f_1; E_{k1})$ und $(f_2; E_{k2})$ berechnet werden:
  $$h = \frac{E_{k2} - E_{k1}}{f_2 - f_1}$$
- Der Achsenabschnitt auf der f-Achse ist die Grenzfrequenz f_g.
- Der Achsenabschnitt auf der E_k-Achse ist die Austrittsarbeit W.

Die Werte von f_g und W sind für das jeweilige Metall charakteristisch.

Die im Wellenmodell des Lichts auftretenden Widersprüche treten im Teilchenmodell nicht auf:

Die Grenzfrequenz f_g gibt es, weil Licht dieser Frequenz aus Photonen besteht, deren Energie nur für die Austrittsarbeit ausreicht: $hf_g = W$
Ist die Frequenz des Lichts geringer als f_g, so hat kein Photon genug Energie für die Ablösung eines Elektrons.

Die ersten Elektronen werden natürlich sofort mit dem Eintreffen der ersten Photonen aus dem Metall herausgelöst.

Die kinetische Energie eines Elektrons ist unabhängig von der Intensität des Lichts, weil die Energie eines einzelnen Photons unabhängig von ihr ist.

Quantenphysik: Dualismus Welle–Teilchen

Wir wissen aus der Relativitätstheorie, dass bei allen materiellen Körpern, die eine Ruhmasse m_0 haben, die Geschwindigkeit stets unterhalb der Lichtgeschwindigkeit bleibt.

> **Definition**
> Photonen sind Teilchen ohne *Ruhmasse*.
> Sie bewegen sich stets mit Lichtgeschwindigkeit c.

Energie und Masse sind äquivalent. Ein Photon der Energie $E = hf$ hat die Masse:

$$m = \frac{E}{c^2} = \frac{hf}{c^2}$$

Da ein Photon sich mit der Geschwindigkeit c bewegt, besitzt es den Impuls:

$$p = mc = \frac{hf}{c}$$

Aufgaben 2.1–2.8 am Ende des Kapitels

$\frac{f}{c}$ ist wegen der Beziehung $c = \lambda f$ der Kehrwert $\frac{1}{\lambda}$ der Wellenlänge.

> **!**
> In Licht der Wellenlänge λ hat jedes Photon den Impuls: $p = \frac{h}{\lambda}$

2.3 Der COMPTON-Effekt

Einen alle Skeptiker überzeugenden Nachweis, dass Licht aus Photonen besteht, lieferte der Physiker ARTHUR COMPTON. Er verwendete eine elektromagnetische Strahlung sehr hoher Frequenz, bei der der Teilchencharakter besonders deutlich hervortritt: die Röntgenstrahlung. Sie wird in einer Röntgenröhre erzeugt, wobei bevorzugt Strahlung mit einer für die Röhre charakteristischen Wellenlänge λ entsteht. Genauer wird das später in Kapitel 3.4 besprochen. Da erfahren Sie auch, wie man die Intensität der Röntgenstrahlung in Abhängigkeit von ihrer Wellenlänge misst.

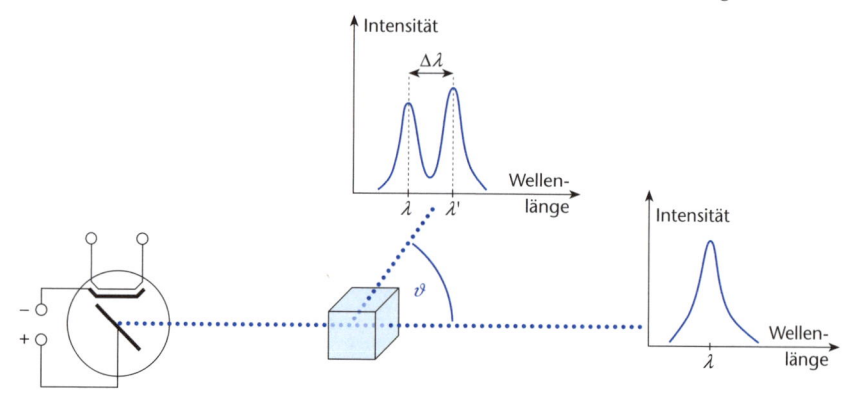

Jetzt geht es um die Vorgänge beim Eindringen der Röntgenstrahlen in einen Festkörper. Während ein Teil der Strahlung geradeaus hindurchgeht, ändert ein anderer Teil seine Ausbreitungsrichtung. Das wird als **Streuung** der Röntgenstrahlung bezeichnet. Der Winkel zwischen alter und neuer Ausbreitungsrichtung heißt Streuwinkel ϑ. Streuung erfolgt in alle Richtungen, sodass alle Streuwinkel zwischen 0° und 180° vorkommen.

Nach der Wellentheorie des Lichts sollte die gestreute Strahlung ebenfalls die Wellenlänge λ haben. Tatsächlich aber wird der COMPTON-Effekt beobachtet:

> Bei der Streuung von monochromatischer Röntgenstrahlung der Wellenlänge λ kommt in der gestreuten Strahlung neben einem Anteil mit der Wellenlänge λ auch ein Anteil mit der größeren Wellenlänge $\lambda' = \lambda + \Delta\lambda$ vor.
> Die Wellenlängenzunahme $\Delta\lambda$ hängt weder von der Wellenlänge λ der Strahlung noch von der Art des Streukörpers ab, sondern nur vom Streuwinkel ϑ:
>
> $\Delta\lambda = \lambda_C \cdot (1 - \cos\vartheta)$
>
> Die Naturkonstante $\lambda_C = \dfrac{h}{m_0 c} = 2{,}43 \cdot 10^{-12}$ m heißt **COMPTON-Wellenlänge des Elektrons**. Dabei ist m_0 die Ruhmasse des Elektrons.

Der COMPTON-Effekt lässt sich nur mit der Teilchentheorie des Lichts erklären:
Röntgenstrahlung besteht aus Photonen. Diese treffen auf die Elektronen der Atome des Streukörpers.
Trifft das Photon auf ein tief im Innern der Atomhülle fest an den Atomkern gebundenes Elektron, so wird es ohne Energieverlust gestreut. Die Wellenlänge λ der Strahlung bleibt also unverändert.
Trifft das Photon jedoch auf ein nur schwach gebundenes Elektron in der äußeren Atomhülle, so kommt es zu einem elastischen Stoß. Das Photon gibt einen Teil seiner Energie an das Elektron ab. Der Energieverlust des Photons bedeutet, dass sich die Wellenlänge der Strahlung auf λ' erhöht.
Die Bindungsenergie eines Elektrons in der äußeren Atomhülle beträgt einige eV und ist viel geringer als die Energie, die von einem Röntgenphoton beim Stoß auf das Elektron übertragen wird. Man kann deshalb das Elektron vor dem Stoß als ruhend und nicht an das Atom gebunden betrachten.

> Deutung des COMPTON-Effekts mit dem Teilchenmodell des Lichts:
> Ein Photon führt einen elastischen Stoß mit einem freien, anfangs ruhenden Elektron aus.

In Kapitel 3.4 von mentor „Mehr Erfolg in Physik, Abitur, Mechanik" haben wir erfahren, dass bei einem elastischen Stoß zweier Körper die Summe der kinetischen Energien beider Stoßpartner ebenso erhalten bleibt wie die Vektorsumme ihrer Impulse.

Vor dem Stoß ist die kinetische Energie des Photons $E = \dfrac{hc}{\lambda}$ und die des Elektrons Null. Nach dem Stoß ist die kinetische Energie des Photons $E' = \dfrac{hc}{\lambda'}$ und die des Elektrons $E'_e = (\gamma - 1) \cdot m_0 c^2$. Weil die kinetische Energie erhalten bleibt, gilt

$$E = E' + E'_e$$

Vor dem Stoß hat der Impuls des Photons den Betrag $p = \dfrac{h}{\lambda}$ und der Impuls des Elektrons ist Null. Nach dem Stoß hat der Impuls des Photons den Betrag $p' = \dfrac{h}{\lambda'}$ und der Impuls des Elektrons den Betrag $p'_e = \gamma \cdot m_0 v$. Der Impulserhaltungssatz lautet

$$\vec{p} = \vec{p'} + \vec{p'}_e$$

Das Impulsvektordiagramm sieht dann so aus:

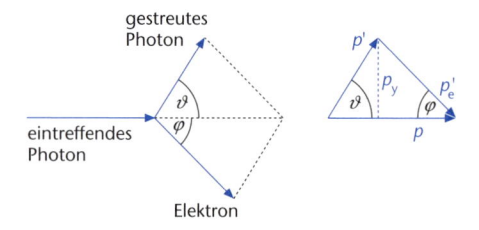

Die Längen der Dreieckseiten stellen die Beträge der Impulse dar. Sie lassen sich mit dem Kosinussatz berechnen. Den finden Sie in Ihrer mathematischen Formelsammlung. Sind zwei Dreieckseiten und der zwischen ihnen liegende Winkel bekannt, so kann die dritte Seite berechnet werden. Für unser Dreieck gilt

$$p'^2_e = p^2 + p'^2 - 2pp' \cdot \cos \vartheta$$

Für $\vartheta = 90°$ wird $\cos \vartheta$ zu Null und der Kosinussatz geht in den Satz von Pythagoras über.

Die Höhe p_y des Impulsvektordreiecks ist einerseits die y-Komponente des Impulses p' des gestreuten Photons und andererseits die y-Komponente des Impulses p'_e des Elektrons. Im linken Dreieck gilt $p_y = p' \cdot \sin \vartheta$, im rechten gilt $p_y = p'_e \cdot \sin \varphi$. Aus der Gleichung

$$p'_e \cdot \sin \varphi = p' \cdot \sin \vartheta$$

lässt sich der Winkel φ zwischen der Richtung des eintreffenden Photons und der Richtung, in der das Elektron den Streukörper verlässt, berechnen.

Und tatsächlich beobachtet man das im Experiment: Zusammen mit einem gestreuten Photon verlässt gleichzeitig genau unter dem berechneten Winkel φ auch ein Elektron den Streukörper.

Die Teilchentheorie des Lichts erklärt den Fotoeffekt und den COMPTON-Effekt. Beim Fotoeffekt überträgt das Photon seine Energie vollständig auf das Elektron und verschwindet. Beim COMPTON-Effekt hingegen gibt es nur einen Teil seiner Energie an das Elektron ab und bewegt sich mit verringerter Energie weiter.

Aufgaben 2.9; 2.10 am Ende des Kapitels

2.4 Photonen und elektromagnetische Welle

Erst hat es geheißen „Licht ist eine elektromagnetische Welle" und nun „Licht besteht aus Photonen". Sie werden sich fragen, wie das zu vereinbaren sei. Die Antwort ist gar nicht so einfach.

Weder unsere Sinnesorgane noch unsere Sprache sind geeignet, die Erscheinungen auf der Ebene der Atome völlig korrekt zu erfassen. Die Begriffe *Welle* und *Teilchen* sind an den Erfahrungen orientiert, die wir in unserem Alltag machen. Sie werden *beide* benötigt für die Beschreibung des Verhaltens von Photonen.

Erinnern wir uns an die Interferenz von Licht am *Doppelspalt*. Im mentor-Band „Elektrizität und Magnetismus" haben Sie gelernt, wie man mit der Wellentheorie des Lichts die Lage der Punkte auf einem Schirm berechnet, bei denen ein Maximum der Lichtintensität I beobachtet wird.
Stellen wir uns vor, statt des Schirms wären da dicht nebeneinander lauter kleine Lichtdetektoren mit der zum Lichtstrahl senkrechten Fläche A, die die Anzahl N der in der Zeit t bei ihnen eintreffenden Photonen feststellen können. Wenn jedes Photon die gleiche Energie $E = hf$ hat, registriert ein Detektor die Intensität $I = \dfrac{N \cdot E}{A \cdot t}$.

Die Zahl N ist am Ort eines Interferenzmaximums normalerweise sehr hoch. Die Größenordnung lässt sich an einem vertrauten Beispiel erkennen: Auf einer von der Sonne beschienenen 1 mm² großen Fläche kommen pro Sekunde mehr als 10^{15} Photonen an.

Was aber, wenn die Lichtquelle so schwach ist, dass ein Photon immer erst dann von ihr ausgesendet wird, wenn das vorherige bereits im Detektor nachgewiesen worden ist?

Es ist völlig unmöglich, vorherzusagen, in welchen Detektor ein bestimmtes einzelnes Photon gelangen wird. Auch lässt sich nicht entscheiden, durch welchen der beiden Spalte es zu dem Detektor gekommen ist. Dies ist ein bemerkenswerter Gegensatz zu den uns vertrauten klassischen Teilchen, deren Bahn sich exakt vorausberechnen lässt. Bei den Photonen herrscht scheinbar der blanke Zufall.
Wenn man aber lange wartet und sehr viele einzelne Photonen registriert, so stellt man fest, dass allmählich das gleiche Interferenzmuster entsteht, das bei intensiver Beleuchtung sofort erscheint. Niemand weiß, wie die Photonen das machen. Aber es ist so.

Quantenphysik: Dualismus Welle–Teilchen

Sehr viele Photonen: Ein einzelnes Photon:

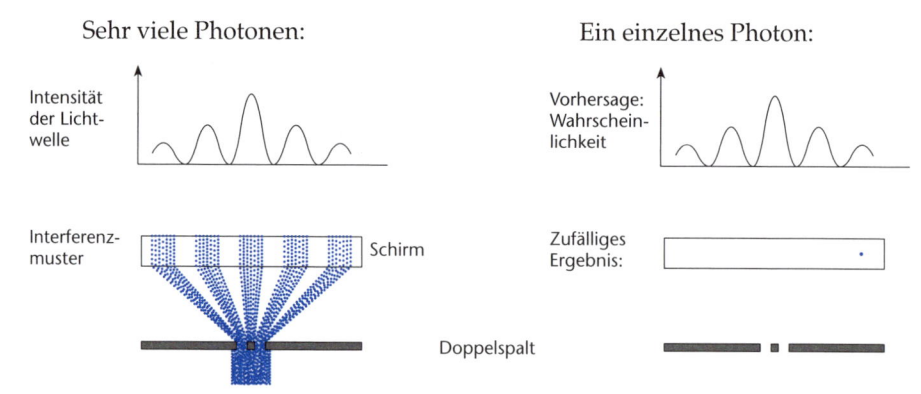

Für das einzelne Photon lässt sich also immerhin die Wahrscheinlichkeit angeben, mit der es in einen bestimmten Detektor gelangt.

Die Wahrscheinlichkeit, ein Photon an einem bestimmten Ort zu registrieren, ist proportional zur Intensität der elektromagnetischen Welle an diesem Ort. Da man die *Wellentheorie* benötigt, um Aussagen über die Aufenthaltswahrscheinlichkeit eines *Teilchens* machen zu können, spricht man vom **Welle-Teilchen-Dualismus**.

2.5 Materiewellen

Der Physiker LOUIS DE BROGLIE erkannte, dass der Welle-Teilchen-Dualismus nicht nur bei Photonen auftritt, sondern auch bei Elektronen und anderen Teilchen, deren Ruhmasse nicht Null ist:

> So wie elektromagnetische Wellen Teilcheneigenschaften haben, haben auch materielle Teilchen Welleneigenschaften.

Wenn eine Lichtwelle mit der Wellenlänge λ aus Photonen mit dem Impuls $p = \dfrac{h}{\lambda}$ besteht, so ist ein Elektron, das den Impuls p hat, mit einer Welle der Wellenlänge $\lambda = \dfrac{h}{p}$ verbunden.

> **Definition**
>
> Einem mit der Geschwindigkeit v bewegten Teilchen der Masse m lässt sich eine **Materiewelle** zuordnen.
>
> Ihre Wellenlänge $\lambda = \dfrac{h}{m \cdot v}$ ist die **DE-BROGLIE-Wellenlänge** dieses Teilchens.

Die Materiewelle dient dem Physiker dazu, die Wahrscheinlichkeit zu berechnen, mit der das Teilchen an einem bestimmten Ort nachgewiesen werden kann.

Dieses Konzept lässt sich anwenden auf Elektronenstrahlen, die auf einen Kristall treffen. In ihm sind die Atome in regelmäßigen parallelen Schichten angeordnet, die als Netzebenen bezeichnet werden. Ihr Abstand d heißt **Netzebenenabstand**.

Richtet man einen Elektronenstrahl unter verschiedenen Einfallswinkeln auf einen dünnen Kristall, so durchdringt er ihn fast immer. Nur bei einem ganz bestimmten Winkel, dem **Glanzwinkel** ϑ, wird er reflektiert.
Dies lässt sich nur mit der Interferenz von Materiewellen erklären:

Ein Interferenzmaximum tritt dort auf, wo zwei Materiewellen, die an benachbarten Netzebenen reflektiert werden, den Gangunterschied $\Delta s = k \cdot \lambda$ haben. Diese Formel ist uns schon in Kapitel 7.2 von mentor „Mehr Erfolg in Physik, Abitur, Mechanik" begegnet.

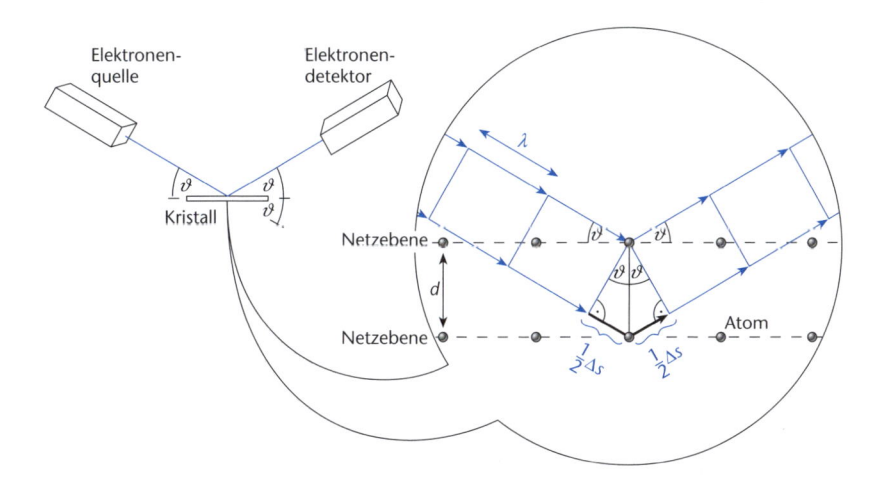

In der Zeichnung ist der zusätzliche Weg Δs, den ein an der unteren Netzebene reflektiertes Elektron zurücklegen muss, fett gezeichnet. Dem Dreieck entnehmen wir:

$$\sin\vartheta = \frac{\frac{1}{2}\Delta s}{d} \quad \Rightarrow \quad \Delta s = 2d \cdot \sin\vartheta$$

> Reflexion von Elektronen an einem Kristall mit Netzebenenabstand d lässt sich nur bei einem bestimmten Einfallswinkel beobachten. Zwischen diesem Glanzwinkel ϑ und der Materiewellenlänge λ des Elektrons besteht die BRAGGsche Beziehung:
>
> $k \cdot \lambda = 2d \cdot \sin\vartheta \qquad k = 1; 2; 3; \ldots$

Definition

In der Praxis lassen sich allerdings nur Maxima mit $k = 1$ beobachten. Die Intensität der Maxima höherer Ordnung ist zu gering.

Im Schulversuch verwendet man einen aus einer Glühkathode austretenden Elektronenstrahl, der auf eine polykristalline Grafitfolie auftrifft. Diese besteht aus winzigen Kristallen in regelloser Anordnung. Somit sind Netzebenen in allen denkbaren Richtungen vertreten und es gibt natürlich auch welche, die unter dem Glanzwinkel ϑ getroffen werden.

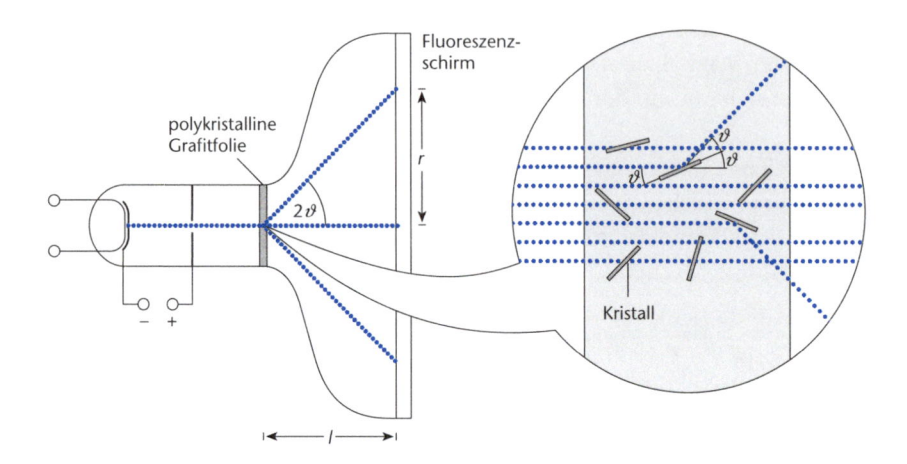

Die Zeichnung zeigt einen Kristall, der Elektronen nach oben, und einen, der sie nach unten ablenkt. Nach dem Reflexionsgesetz ist der Ablenkwinkel doppelt so groß wie der Glanzwinkel. Er lässt sich aus dem Schirmabstand l und der Ablenkung r berechnen:

$$\tan 2\vartheta = \frac{r}{l}$$

Aufgaben 2.11–2.13 am Ende des Kapitels

An anderen Kristallen der Folie werden Elektronen um den gleichen Winkel in andere Richtungen abgelenkt. Deshalb erscheint auf dem Fluoreszenzschirm das Interferenzmaximum als Kreisring mit dem Radius r.

2.6 Die Unschärferelation

Man stellt sich gemeinhin vor, dass man mit einer idealen Messapparatur den Ort und gleichzeitig die Geschwindigkeit eines Teilchens mit beliebiger Genauigkeit feststellen kann. Aus den folgenden Überlegungen ergibt sich jedoch eine überraschende Einschränkung:

Aus einer ebenen Welle lässt sich mit einem Spalt ein schmaler Strahl ausblenden. Wird die Breite Δx der Spaltöffnung allerdings auf die Größenordnung einer Wellenlänge verringert, so fächert die Beugung den Strahl wieder auf: Je schmaler der Spalt, desto stärker läuft die Welle auseinander. Sie wird im Wesentlichen begrenzt durch die beiden Interferenzminima 1. Ordnung.

Ein Minimum entsteht dort, wo eine vom Rand und eine von der Mitte des Spaltes ausgehende Elementarwelle gegenphasig eintreffen, weil sie den Gangunterschied $\frac{\lambda}{2}$ haben. Dann wird nämlich jede Elementarwelle durch eine im Abstand $\frac{\Delta x}{2}$ gestartete ausgelöscht. (Im Kapitel 7.2 des mentor „Mechanik"-Bandes ist die Bedingung für destruktive Interferenz ausführlich erläutert.) Dies trifft in der Skizze zum Beispiel für die in Punkt 1 und 5, 2 und 6, 3 und 7, 4 und 8 gestarteten Wellen zu.

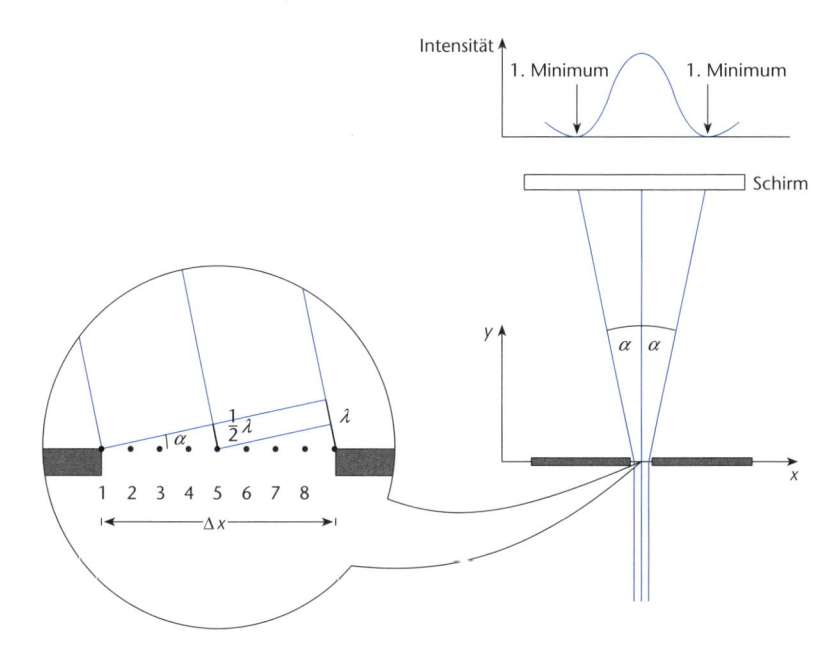

Der Bereich, in den die Welle gebeugt wird, ist durch den Winkel α begrenzt. Der Zeichnung entnehmen wir: $\sin\alpha = \dfrac{\lambda}{\Delta x}$

Dies gilt für Licht- und Materiewellen und somit für Teilchen wie Photonen und Elektronen.

Aber merkwürdig: *Vor* dem Spalt bewegen sich alle Teilchen im Strahl mit dem gleichen Impuls $p = mv = \dfrac{h}{\lambda}$ in y-Richtung. *Nach* dem Spalt fliegen sie dann plötzlich auch in andere Richtungen! Der durch die Beugung vorgegebene Intensitätsverlauf gibt ja die Wahrscheinlichkeit wieder, mit der sich ein Teilchen auf dem Schirm nachweisen lässt.

Betrachten wir Ort und Impuls eines Teilchens beim Passieren des Spaltes. Die Ortskoordinate kann man nicht völlig exakt angeben. Sie ist durch den Spalt bis auf die „Unschärfe" Δx festgelegt.

Da sich der Impulsvektor bis um den Winkel α gedreht haben kann, hat das Teilchen nun plötzlich eine Impulskomponente in x-Richtung, die es vor dem Spalt nicht hatte. Die x-Komponente des Impulses ist unvorhersagbar im Intervall Δp geworden.

Aus der Zeichnung folgt: $\quad \sin\alpha = \dfrac{\Delta p}{p} \quad \Rightarrow \quad \sin\alpha = \dfrac{\Delta p \cdot \lambda}{h}$

Wegen $\sin\alpha = \dfrac{\lambda}{\Delta x}$ gilt dann: $\dfrac{\Delta p \cdot \lambda}{h} = \dfrac{\lambda}{\Delta x}$ $\Rightarrow$ $\Delta x \cdot \Delta p = h$

Eine exaktere Definition der „Ortsunschärfe" Δx und der „Impulsunschärfe" Δp berücksichtigt die statistische Häufigkeitsverteilung bei Orts- und Impulsmessungen. Die Analyse des Problems gelang 1927 dem wohl bedeutendsten deutschen Atomphysiker WERNER HEISENBERG. Er formulierte folgende prinzipielle Einschränkung für die Berechenbarkeit von Naturvorgängen:

> Es ist unmöglich, Ort und Impuls eines Teilchens *gleichzeitig* beliebig genau zu bestimmen.
>
> Für das Produkt aus der Unschärfe Δx der Ortsangabe und der Unschärfe Δp des Impulswertes gilt die HEISENBERGsche **Unschärferelation**:
>
> $$\Delta x \cdot \Delta p \geqq \dfrac{h}{4\pi}$$

Weil das Produkt mindestens den Wert $\dfrac{h}{4\pi}$ haben muss, gilt: Je präziser der Ort bestimmt wird, desto ungenauer lässt sich der Impuls und damit die Geschwindigkeit des Teilchens angeben.

Aufgaben 2.14; 2.15 am Ende des Kapitels

Wenn man aber Ort und Geschwindigkeit momentan schon gar nicht exakt festlegen kann, so lässt sich die weitere Bewegung des Teilchens natürlich auch nicht mit letzter Genauigkeit vorherberechnen.

Da die Orts- und die Impulsunschärfe in den Schulbüchern weder exakt noch einheitlich definiert sind, findet man drei verschiedene Versionen der Unschärferelation:

$$\Delta x \cdot \Delta p \geqq h \; ; \quad \Delta x \cdot \Delta p \geqq \dfrac{h}{2\pi} \; ; \quad \Delta x \cdot \Delta p \geqq \dfrac{h}{4\pi}$$

Sie sollten sich an die Version halten, die bei Ihnen im Unterricht verwendet wird.

2.7 Übungsaufgaben zu Kapitel 2

2.1 Eine Fotozelle wird nacheinander mit Licht unterschiedlicher Wellenlänge bestrahlt. Man misst zu jeder Wellenlänge λ die Gegenspannung U, für die der Fotostrom Null wird:

λ in nm:	366	405	546	578
U in V:	1,46	1,13	0,337	0,211

Quantenphysik: Dualismus Welle–Teilchen

a) Zeichnen Sie die Werte der maximalen kinetischen Energie E_k der Fotoelektronen in Abhängigkeit von der Frequenz f in ein f-E_k-Diagramm ein. Maßstab: 10^{14} Hz $\triangleq$ 1 cm; 1 eV $\triangleq$ 2 cm.

b) Berechnen Sie aus den Messwerten das PLANCKsche Wirkungsquantum h.

c) Berechnen Sie die Austrittsarbeit und die Grenzfrequenz der verwendeten Fotozelle unter Verwendung des berechneten Wertes von h.
Die Austrittsarbeit ist in eV anzugeben. Es gilt: 1 J = $6{,}24 \cdot 10^{18}$ eV

Aufgabe 2.2 Eine Fotozelle wird mit Licht beleuchtet, das alle Wellenlängen zwischen 500 nm und 650 nm enthält. Bei einer Gegenspannung von 0,550 V wird die Fotostromstärke gerade zu null.

a) Beschreiben Sie kurz die Vorgänge in der Fotozelle und die Wirkung der Gegenspannung.

b) Berechnen Sie die Austrittsarbeit des Kathodenmaterials.

c) Berechnen Sie, in welchem Bereich die Gegenspannung liegt, wenn die Fotozelle mit nur jeweils einer Wellenlänge aus dem Bereich zwischen 500 nm und 650 nm beleuchtet wird.

d) Berechnen Sie die Austrittsgeschwindigkeit der schnellsten Elektronen, die das Kathodenmaterial verlassen.

Aufgabe 2.3 Die Kathode einer Wolfram-Fotozelle wird beleuchtet. Bei Wolfram beträgt die Austrittsarbeit 4,57 eV.

a) Weisen Sie nach, dass mit gelbem Licht der Wellenlänge 589 nm kein Fotostrom ausgelöst werden kann.

b) Welche maximale Geschwindigkeit haben die Elektronen bei Bestrahlung mit ultraviolettem Licht der Wellenlänge 236 nm?

c) Welche Gegenspannung ist bei Bestrahlung mit Licht der Wellenlänge 236 nm erforderlich, um einen Fotostrom zu verhindern?

Aufgabe 2.4 Die Kathode einer Fotozelle hat die Grenzwellenlänge 639 nm. Sie wird mit parallelem Licht der Wellenlänge 540 nm bestrahlt, wobei die Leistung 18,0 mW auf sie übertragen wird. Es entsteht ein Fotostrom der Stromstärke 2,30 nA.

a) Welche Energie hat ein eintreffendes Photon?

b) Welche Energie hat ein ausgelöstes Elektron?

c) Wie viele Photonen treffen pro Sekunde auf die Kathode?

d) Wie viele Elektronen werden pro Sekunde aus der Kathode herausgelöst? Wie viele Photonen werden im Mittel benötigt, um ein Elektron auszulösen?

Quantenphysik: Dualismus Welle–Teilchen

Aufgabe 2.5 Bei einer Fotozelle beträgt die Austrittsarbeit 1,8 eV. Durch 10 Millionen auftreffende Photonen werden im Mittel 8 Elektronen ausgelöst.
Als Lichtquellen stehen ein Helium-Neon-Laser und ein CO_2-Laser zur Verfügung. Der Helium-Neon-Laser emittiert mit der Wellenlänge 0,63 µm die Leistung 1,0 mW. Der CO_2-Laser emittiert mit der Wellenlänge 1,1 µm die Leistung 3,3 kW.

a) Mit welchem der beiden Laser lässt sich ein Fotostrom erzeugen?

b) Berechnen Sie die Stromstärke des betreffenden Fotostroms.

Aufgabe 2.6 Wird eine Fotozelle mit Licht der Frequenz $f_1 = 4{,}7 \cdot 10^{14}$ Hz und der Leistung $P_1 = 0{,}25$ mW bestrahlt, so entsteht der Fotostrom $I_1 = 0{,}18$ nA. Die Grenzfrequenz der Fotozelle ist $f_g = 4{,}0 \cdot 10^{14}$ Hz.

a) Durch welche Gegenspannung U_1 wird der Fotostrom I_1 zum Erliegen gebracht?

b) Nun wird die Fotozelle mit Licht der Frequenz f_1 und der Leistung $P_2 = 2 \cdot P_1 = 0{,}50$ mW bestrahlt.
Wie hoch ist nun der Fotostrom I_2?
Durch welche Gegenspannung U_2 wird dieser Strom zum Erliegen gebracht?
Erläutern Sie die Ergebnisse mit dem Photonenmodell.

c) Danach wird die Fotozelle mit Licht der Frequenz $f_3 = 2 \cdot f_1 = 9{,}4 \cdot 10^{14}$ Hz und der Leistung $P_1 = 0{,}25$ mW bestrahlt.
Wie hoch ist nun der Fotostrom I_3?
Durch welche Gegenspannung U_3 wird dieser Strom zum Erliegen gebracht?
Erläutern Sie die Ergebnisse mit dem Photonenmodell.

Aufgabe 2.7 Am Boden eines Turms steht eine radioaktive Strahlungsquelle. Sie emittiert γ-Photonen mit der kinetischen Energie 14,4 keV senkrecht nach oben, wo sie in 25,0 m Höhe in ein Nachweisgerät gelangen.

a) Berechnen Sie die Frequenz f und die Masse m eines Photons der von der Quelle emittierten Strahlung.

b) Berechnen Sie die potenzielle Energie der Erdanziehung, die ein Photon in 25,0 m Höhe gegenüber dem Boden des Turms hat.

c) Der Energieerhaltungssatz besagt, dass der Zuwachs an potenzieller Energie mit einer Abnahme der kinetischen Energie des Photons verbunden ist. Da die kinetische Energie proportional zur Frequenz ist, ist die Frequenz f' der Strahlung oben im Nachweisgerät geringer als unten an der Quelle.

Berechnen Sie die Differenz der Frequenzen $\Delta f = f - f'$. Wie groß ist die relative Frequenzverschiebung $\frac{\Delta f}{f}$?

Lösungshinweis: Leiten Sie eine Formel für Δf her und versuchen Sie nicht, den Wert von f' auszurechnen. Er unterscheidet sich so wenig von f, dass Sie die Differenz nicht mit dem Taschenrechner berechnen können.

2.8 Elektromagnetische Strahlung im Wellenlängenbereich von etwa 1 pm bis 10 nm wird als *Röntgenstrahlung* bezeichnet.
Es wird eine Röntgenstrahlung erzeugt, die aus Photonen der Masse $9{,}11 \cdot 10^{-31}$ kg besteht.
Berechnen Sie die Wellenlänge dieser Strahlung sowie die kinetische Energie in MeV und den Impuls eines Photons.

2.9 ARTHUR COMPTON bestrahlte bei seinen Experimenten einen Streukörper aus Grafit mit Röntgenstrahlung der Wellenlänge 72,1 pm und untersuchte die in unterschiedliche Richtungen gestreute Strahlung.
Berechnen Sie für die Streuwinkel 45°, 90° und 135° den Impuls des gestreuten Photons und zeichnen Sie die zugehörigen Impulsvektordiagramme.

2.10 Röntgenstrahlung der Wellenlänge 18,0 pm trifft auf Kochsalzpulver. Die COMPTON-Streuung unter dem Streuwinkel 130° wird beobachtet.

a) Berechnen Sie die Energie in keV und den Impuls eines eintreffenden Photons.

b) Berechnen Sie die Energie in keV und den Impuls eines gestreuten Photons.

c) Welche Energie wird bei dem Streuprozess auf das Elektron übertragen?

d) Welchen Impuls und welche Geschwindigkeit hat das Elektron nach dem Stoß?

e) Unter welchem Winkel φ gegen die Einfallsrichtung der Röntgenstrahlung verlässt das Elektron den Streukörper?

2.11 Es sollen Elektronen verglichen werden, die verschiedene Beschleunigungsspannungen durchlaufen haben: $U_1 = 1{,}00$ V; $U_2 = 1{,}00$ kV; $U_3 = 1{,}00$ MV

Hinweis: Bei Spannungen über 2,5 kV ist relativistisch zu rechnen.

a) Berechnen Sie für die verschiedenen Spannungen jeweils die kinetische Energie und die Gesamtenergie eines Elektrons in eV.

b) Berechnen Sie für die verschiedenen Spannungen jeweils die Geschwindigkeit der Elektronen.

c) Berechnen Sie für die verschiedenen Spannungen jeweils die DE-BROGLIE-Wellenlängen, die den Elektronen zuzuordnen sind.

Aufgabe 2.12 Elektronen werden durch die Spannung 1,15 kV beschleunigt und treffen unter dem Glanzwinkel 5,70° auf die Oberfläche eines Kristalls mit dem Netzebenenabstand 0,273 nm.
Berechnen Sie, ob die Wahrscheinlichkeit dafür, dass Elektronen an der Oberfläche reflektiert werden, hoch oder gering ist. Erläutern Sie Ihre Antwort.

Aufgabe 2.13 Elektronen, die die Beschleunigungsspannung 3,00 kV durchlaufen haben, treffen auf eine polykristalline Grafitschicht.

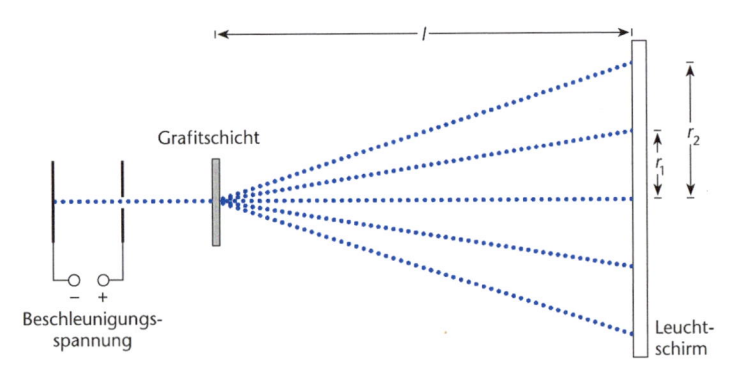

Auf einem zur Elektronenstrahlrichtung senkrechten Leuchtschirm, der von der Grafitschicht $l = 13{,}0$ cm entfernt ist, werden zwei konzentrische Ringe mit den Radien $r_1 = 1{,}40$ cm und $r_2 = 2{,}35$ cm beobachtet. Beide Ringe sind Interferenzmaxima 1. Ordnung, allerdings für zwei verschiedene Scharen von Netzebenen mit jeweils unterschiedlichem Netzebenabstand d_1 bzw. d_2.

a) Berechnen Sie mit relativistischer Rechnung die Geschwindigkeit der Elektronen.

b) Welche Wellenlänge hat die den Elektronen zugeordnete Materiewelle?

c) Unter welchen Glanzwinkeln ϑ_1 und ϑ_2 treffen die Elektronen die beiden Netzebenenscharen des Grafitgitters?

d) Welche Netzebenabstände d_1 und d_2 kennzeichnen die beiden Scharen?

Quantenphysik: Dualismus Welle–Teilchen

2.14 Ein 0,10 mm breiter Spalt wird mit dem Licht eines He-Ne-Lasers senkrecht beleuchtet. Er hat die Wellenlänge 0,63 µm. Das Licht trifft 3,0 m hinter dem Spalt auf einem Schirm.

a) Berechnen Sie den Impuls p eines Photons vor dem Spalt.

b) Im Spalt wird der Ort eines Photons auf $\Delta x = 0{,}10$ mm festgelegt. Berechnen Sie mit der Beziehung $\Delta x \cdot \Delta p = h$ den Winkel α, unter dem das Interferenzminimum erster Ordnung erscheint.

c) Berechnen Sie die Breite des Beugungsflecks auf dem Schirm, der durch die beiden Minima erster Ordnung begrenzt wird.

2.15 Der Aufenthaltsort eines Elektrons im Atom ist auf den Bereich der Atomhülle mit dem Durchmesser 0,10 nm beschränkt.
Aus der Unschärferelation folgt, dass das Elektron durch die Einschließung in einem so kleinen Raumbereich zu einer Bewegung gezwungen wird. Genauer gesagt: Die (durchschnittliche) kinetische Energie des Elektrons kann nicht null sein. Es existiert also ein Minimalwert der kinetischen Energie $E_{k;m}$, der als **Nullpunktsenergie** des Elektrons bezeichnet wird. Er lässt sich angenähert berechnen, wenn man annimmt, dass das Elektron in einem eindimensionalen Bereich der Länge 0,10 nm eingeschlossen ist. Dieser Bereich stellt die Ortsunschärfe dar.

a) Berechnen Sie über die von Heisenberg angegebene Formel den minimalen Betrag des Impulses des Elektrons unter der Annahme, dass er so groß ist wie die Impulsunschärfe.

b) Berechnen Sie daraus die Nullpunktsenergie des Elektrons.

3 Atommodelle

3.1 Das RUTHERFORDsche Atommodell

Zu Beginn des 20. Jahrhunderts gab es keine Zweifel mehr, dass alle Materie aus Atomen besteht. 1911 konnte der Experimentalphysiker ERNEST RUTHERFORD durch die Auswertung seines berühmten Streuversuchs erstmals begründete Aussagen über die *Struktur des Atoms* machen.

Der Versuchsaufbau enthält einen radioaktiven α-Strahler und eine extrem dünne Goldfolie, die sich in einer Vakuumkammer befinden. Die von dem Strahler emittierten α-Teilchen werden an der Goldfolie gestreut und treffen anschließend auf einen Szintillationsschirm, wo sie kleine Lichtblitze hervorrufen. Diese können mit einem Mikroskop beobachtet werden.
Man zählt für jeden Streuwinkel ϑ zwischen 0° und 180° die jeweils eintreffenden α-Teilchen.

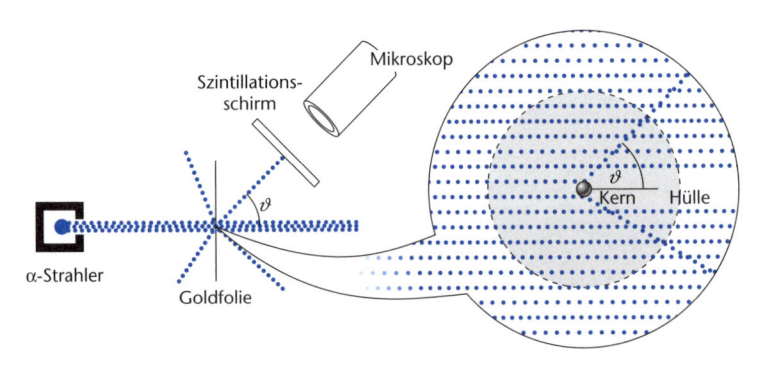

α-Teilchen sind zweifach positiv geladen und wesentlich schwerer als Elektronen. RUTHERFORD ging zunächst davon aus, dass im Goldatom die positive Ladung gleichmäßig verteilt und deshalb deren elektrische Abstoßungskraft auf ein α-Teilchen nirgends sehr hoch sei. Auch die leichten Elektronen, die er „wie Rosinen im Teig" der positiven Ladung eingebettet wähnte, können die α-Teilchen nicht beeinflussen. Deshalb erwartete er, dass die α-Teilchen durch die Goldatome nicht wesentlich aus ihrer Richtung abgelenkt würden.

Und tatsächlich durchdringen die meisten α-Teilchen die Goldfolie ohne Ablenkung. Zur Überraschung RUTHERFORDS gibt es aber auch welche, die um große Winkel ϑ, vereinzelt sogar bis zu 180°, gestreut werden.

Dies kann nur so erklärt werden: Ein solches α-Teilchen ist auf eine positiv geladene Masse gestoßen, welche auf ein Gebiet konzentriert ist, das sehr viel kleiner ist als das Atom. Somit ergibt sich:

> **Das RUTHERFORDsche Atommodell**
>
> Im **Atomkern**, dessen Durchmesser nur rund $\frac{1}{10\,000}$ des Atomdurchmesser beträgt, sind die positive Ladung und nahezu die gesamte Masse des Atoms konzentriert.
>
> Die verglichen mit dem Kern fast masselosen Elektronen bilden die **Atomhülle**. Sie sind negativ geladen und umkreisen wegen der elektrischen Anziehungskraft den Kern so wie die Planeten die Sonne wegen der Gravitationskraft.

Obwohl es die Streuung von α-Teilchen an einer Goldfolie gut erklärt, steckt dieses Modell doch noch voller *Widersprüche*:

Ein Elektron auf einer Kreisbahn wird ständig zum Mittelpunkt des Kreises hin beschleunigt. Vom schwingenden Dipol her wissen wir, dass eine beschleunigte Ladung eine elektromagnetische Welle abstrahlt. Das Elektron müsste somit dauernd Energie verlieren. Es könnte sich gar nicht auf der Kreisbahn halten, es müsste auf einer Spiralbahn in den Kern stürzen. Atome sind aber stabil. Das ist mit diesem Modell nicht zu verstehen.

Auf der Spiralbahn um den Kern würde sich die Umlauffrequenz immer mehr erhöhen. Also würde auch die Frequenz der abgestrahlten elektromagnetischen Welle zunehmen und somit ein kontinuierliches Spektrum erzeugt.

In Wirklichkeit sendet ein leuchtendes atomares Gas ein Linienspektrum aus, das nur aus einzelnen, deutlich voneinander unterschiedenen Frequenzen besteht. Das RUTHERFORDsche Modell kann auch dies nicht erklären.

Aufgabe 3.1 am Ende des Kapitels

3.2 Das BOHRsche Atommodell

Dem bedeutenden Atomphysiker NIELS BOHR gelang es 1913, das RUTHERFORDsche Modell so zu erweitern, dass er imstande war, die Stabilität und das Linienspektrum zumindest des einfachsten Atoms zu erklären. Das ist das Wasserstoffatom. Es hat ein Proton als Kern und ein Elektron als Hülle.

BOHR nahm an, dass die klassische Physik im Mikrobereich nicht mehr gültig ist. Wenn nur der Bahnradius genügend klein ist, so kann das Elektron auf besonderen Bahnen kreisen, ohne eine elektromagnetische Welle abzustrahlen. Solche stabilen Bahnen heißen **Quantenbahnen**.

Atommodelle

BOHR ergänzte das RUTHERFORDsche Modell um zwei Postulate.

> **1. BOHRsches Postulat**
>
> Das Elektron kreist um den Atomkern auf einer Quantenbahn, die durch einen ganz bestimmten diskreten Energiewert E_n gekennzeichnet ist. Es strahlt bei dieser Kreisbewegung keine Energie ab.
>
> Für die Bewegung auf einer Quantenbahn gilt die **Quantenbedingung**: Das Produkt aus dem Umfang $2\pi r$ der Kreisbahn und dem Impuls mv des Elektrons muss ein ganzzahliges Vielfaches des PLANCKschen Wirkungsquantums h sein:
>
> $$2\pi r \cdot mv = n \cdot h$$
>
> Die Zahl $n = 1; 2; 3; \ldots$ heißt **Quantenzahl**.

DE BROGLIE fand nachträglich eine Erklärung für diese etwas willkürlich erscheinende Quantenbedingung:

Den Kreisbahnen des Elektrons entsprechen Materiewellen, die rund um den Kern laufen. Ist der Bahnumfang $2\pi r$ ein ganzzahliges Vielfaches der Wellenlänge $\lambda = \dfrac{h}{mv}$, so entsteht eine stehende Welle, deren Schwingungsform sich im Lauf der Zeit nicht verändert. Dies zeichnet eine Quantenbahn vor allen anderen denkbaren Kreisbahnen aus!
(Über stehende Wellen können Sie sich in Kapitel 7.3 von mentor „Mehr Erfolg in Physik, Abitur, Mechanik" informieren.)

Aus $2\pi r = n \cdot \lambda$ und $\lambda = \dfrac{h}{mv}$ folgt $2\pi r = n \cdot \dfrac{h}{mv}$, also die Quantenbedingung $2\pi r \cdot mv = n \cdot h$.

Auf den verschiedenen Quantenbahnen befindet sich das Elektron in jeweils anderen Energiezuständen. Normalerweise ist es auf der Bahn mit der Quantenzahl $n = 1$. Dann ist das Atom im **Grundzustand**.

Das Atom kann aber auch Energie absorbieren und in einen angeregten Zustand übergehen. Dann befindet sich das Elektron auf einer Bahn mit einer höheren Quantenzahl n_2. Nach sehr kurzer Zeit fällt es spontan wieder auf eine Bahn mit einer niedrigeren Quantenzahl n_1.

> **2. BOHRsches Postulat**
> Die Energie des Atoms ändert sich nur, wenn das Elektron die Quantenbahn wechselt.
> Geht das Atom von einem Zustand höherer Energie E_{n_2} in einen Zustand niedrigerer Energie E_{n_1} über, so emittiert es ein Photon der Energie $hf = E_{n_2} - E_{n_1}$.

Umgekehrt kann das Atom auch Licht absorbieren. Das ankommende Photon muss dazu allerdings die passende Energie $\Delta E = E_{n_2} - E_{n_1}$ besitzen.

Es ist erstaunlich, was sich alles mit dem BOHRschen Modell ausrechnen lässt: der Radius r einer Quantenbahn, die Geschwindigkeit v und die Energie E des Elektrons und schließlich auch die Wellenlängen λ der Linien im Wasserstoffspektrum.
Die Rechnungen sind zwar etwas umfangreich, es liegen aber ganz einfache Überlegungen zugrunde:

Das Elektron hat die Masse m und eine negative Elementarladung e. Es bewegt sich mit der Bahngeschwindigkeit v auf einer Kreisbahn mit dem Radius r. Also muss es eine Zentripetalkraft $F = \dfrac{mv^2}{r}$ geben. Es handelt sich um die COULOMB-Kraft des Kerns, der eine positive Elementarladung trägt:

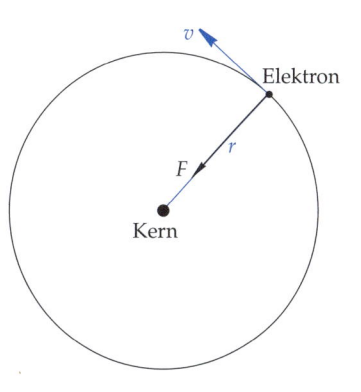

$$F = \frac{1}{4\pi\varepsilon_0} \cdot \frac{e \cdot e}{r^2}$$

Also gilt: $\quad \dfrac{mv^2}{r} = \dfrac{1}{4\pi\varepsilon_0} \cdot \dfrac{e^2}{r^2} \qquad\qquad\qquad\qquad \textbf{I}$

Diese Gleichung ist bereits im RUTHERFORDschen Modell gültig. Nun kommt die Quantenbedingung hinzu:

$$2\pi r \cdot mv = n \cdot h \qquad\qquad\qquad\qquad \textbf{II}$$

m, e, ε_0 und h sind Naturkonstanten, die Sie der Tabelle im Kapitel 6 entnehmen können. Wir haben also zwei Gleichungen für die beiden Unbekannten r und v zu lösen.

Aus **I** folgt: $mv^2 = \dfrac{1}{4\pi\varepsilon_0} \cdot \dfrac{e^2}{r} \qquad\qquad\qquad\qquad \textbf{I'}$

Aus **II** folgt: $v = \dfrac{nh}{2\pi rm} \quad \Rightarrow \quad v^2 = \dfrac{n^2 h^2}{4\pi^2 r^2 m^2} \qquad\qquad \textbf{II'}$

Nun wird **II'** in **I'** eingesetzt: $\quad m \cdot \dfrac{n^2 h^2}{4\pi^2 r^2 m^2} = \dfrac{1}{4\pi\varepsilon_0} \cdot \dfrac{e^2}{r}$

und nach dem unbekannten Radius r aufgelöst: $\quad m \cdot \dfrac{n^2 h^2}{4\pi^2 m^2} \cdot \dfrac{4\pi\varepsilon_0}{e^2} = r$

$$\Rightarrow \quad r = \frac{h^2 \varepsilon_0}{\pi m e^2} \cdot n^2$$

Atommodelle

Für $n = 1$ ergibt sich der Radius der innersten Bahn:

$$r_1 = \frac{h^2 \varepsilon_0}{\pi m e^2} = 5{,}3 \cdot 10^{-11} \text{ m}$$

Bezeichnet man den Radius der n-ten Quantenbahn mit r_n, so gilt:

$$r_2 = 4r_1, \ r_3 = 9r_1, \ r_4 = 16r_1, \ \ldots$$

Aus Gleichung **II** folgt $v = \dfrac{nh}{2\pi r m}$. Setzt man für r die berechnete Formel ein, ergibt sich:

$$v = \frac{nh}{2\pi m} \cdot \frac{\pi m e^2}{h^2 \varepsilon_0 n^2}$$

$$\Rightarrow \quad v = \frac{e^2}{2h\varepsilon_0} \cdot \frac{1}{n}$$

Für $n = 1$ ergibt sich die Geschwindigkeit auf der innersten Bahn:

$$v_1 = \frac{e^2}{2h\varepsilon_0} = 2{,}2 \cdot 10^6 \text{ m s}^{-1}$$

Aufgabe 3.2 am Ende des Kapitels

Bezeichnet man die Geschwindigkeit auf der n-ten Quantenbahn mit v_n, so gilt:

$$v_2 = \frac{1}{2} v_1, \ v_3 = \frac{1}{3} v_1, \ v_4 = \frac{1}{4} v_1, \ \ldots$$

Selbst die höchste Geschwindigkeit v_1 beträgt nur $\dfrac{1}{137}$ der Lichtgeschwindigkeit. Die Faustregel aus Kapitel 1.3 besagt, dass wir für die Berechnung der kinetischen Energie E_k des Elektrons keine komplizierten relativistischen Formeln benötigen:

$$E_k = \frac{1}{2} m v^2 = \frac{1}{2} m \left(\frac{e^2}{2h\varepsilon_0 n} \right)^2 = \frac{1}{2} m \cdot \frac{e^4}{4 h^2 \varepsilon_0^2 n^2}$$

$$E_k = \frac{m e^4}{8 \varepsilon_0^2 h^2} \cdot \frac{1}{n^2}$$

Für die Gesamtenergie des Elektrons brauchen wir nun noch die potenzielle Energie E_p. Falls Sie mentor „Mehr Erfolg in Physik, Abitur, Elektrizität und Magnetismus" zur Hand haben, können Sie nochmal in Kapitel 1.4 nachschauen. Da steht:

„Im radialsymmetrischen elektrischen Feld der Ladung Q hat eine Ladung q im Abstand r von der felderzeugenden Ladung die potenzielle Energie:

$$E_p = \frac{1}{4\pi\varepsilon_0} \cdot \frac{Qq}{r}$$

Atommodelle

Das Nullniveau der potenziellen Energie befindet sich in sehr großer Entfernung ($r = \infty$) von der felderzeugenden Ladung, wo deren Kraft nicht mehr spürbar ist."

Die felderzeugende Ladung Q ist beim Wasserstoffatom die positive Ladung e des Kerns. Die Testladung ist die negative Ladung $-e$ des Elektrons. Die potenzielle Energie ist somit:

$$E_p = -\frac{1}{4\pi\varepsilon_0} \cdot \frac{e^2}{r}$$

Wir setzen $r = \frac{h^2\varepsilon_0}{\pi m e^2} \cdot n^2$ ein und erhalten:

$$E_p = -\frac{1}{4\pi\varepsilon_0} \cdot \frac{e^2 \cdot \pi m e^2}{h^2 \varepsilon_0 n^2} = -\frac{m e^4}{4 h^2 \varepsilon_0^2} \cdot \frac{1}{n^2}$$

Ein Vergleich mit E_k zeigt: $E_p = -2 \cdot E_k$
Die Gesamtenergie des Elektrons ist also: $E = E_k + E_p = E_k - 2 \cdot E_k = -E_k$

Bezeichnet man die Gesamtenergie auf der n-ten Quantenbahn mit E_n, so ist:

$$E_n = -\frac{m e^4}{8\varepsilon_0^2 h^2} \cdot \frac{1}{n^2} - (-13{,}6 \text{ eV}) \cdot \frac{1}{n^2}$$

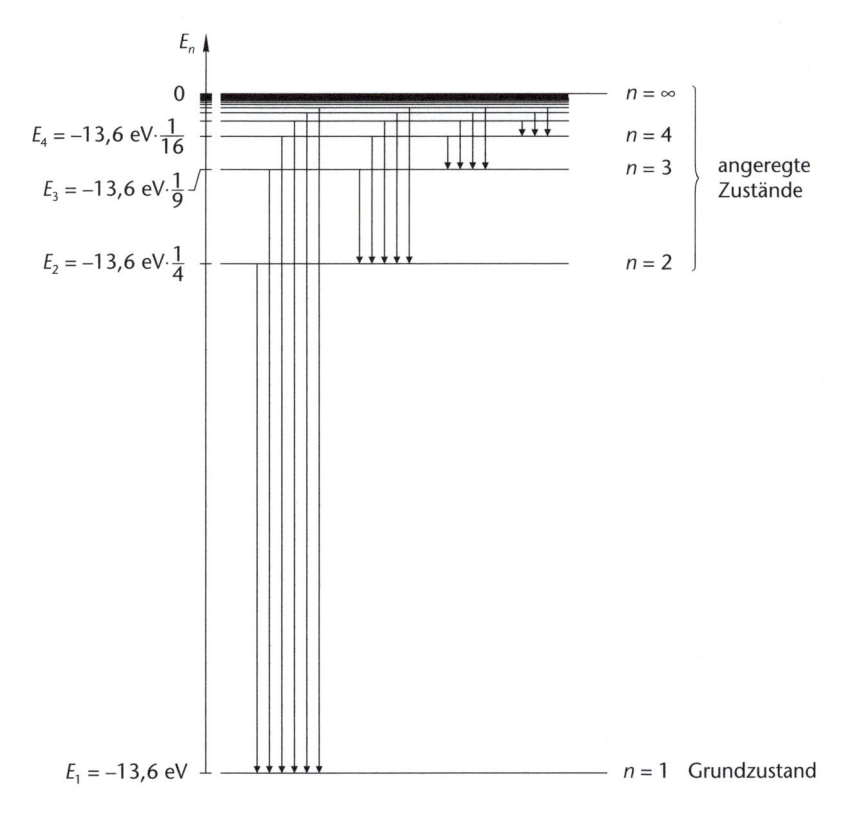

Energieniveauschema des Wasserstoffatoms

$E_4 = -13{,}6 \text{ eV} \cdot \frac{1}{16}$ $n = 4$
$E_3 = -13{,}6 \text{ eV} \cdot \frac{1}{9}$ $n = 3$ angeregte Zustände

$E_2 = -13{,}6 \text{ eV} \cdot \frac{1}{4}$ $n = 2$

$E_1 = -13{,}6 \text{ eV}$ $n = 1$ Grundzustand

Atommodelle

E_n ist negativ. Das besagt, dem Elektron muss Energie zugeführt werden, wenn man es aus dem Anziehungsbereich des Kerns entfernen und dorthin bringen will, wo die potenzielle Energie null ist.

Trägt man entlang einer Energieachse die diskreten Energiewerte E_n auf, die das Elektron annehmen kann, so erhält man das **Energieniveauschema** des Wasserstoffatoms.

Nach dem 2. BOHRschen Postulat kann das Atom von einem Zustand höherer Energie E_{n_2} in einen Zustand niedrigerer Energie E_{n_1} übergehen und dabei ein Photon der Energie $hf = E_{n_2} - E_{n_1}$ aussenden.

Wir deuten die möglichen Übergänge durch Pfeile im Energieniveauschema (auf Seite 43) an; die Länge eines Pfeils repräsentiert die Energie hf eines Photons, also die Frequenz f des emittierten Lichts.

Man erkennt, dass durchaus nicht jede beliebige Frequenz auftreten kann: Das Licht, das von Wasserstoffatomen im angeregten Zustand ausgeht, zeigt vielmehr nach der Zerlegung durch ein Prisma oder ein optisches Gitter sehr scharfe **Spektrallinien**. Diese Spektrallinien entsprechen den Übergängen zwischen den Energieniveaus im Atom.

Wir wollen eine Formel für die Wellenlängen der Linien im Wasserstoffspektrum herleiten:

$$hf = E_{n_2} - E_{n_1} = -\frac{me^4}{8\varepsilon_0^2 h^2} \cdot \frac{1}{n_2^2} - \left(-\frac{me^4}{8\varepsilon_0^2 h^2} \cdot \frac{1}{n_1^2}\right)$$

$$hf = \frac{me^4}{8\varepsilon_0^2 h^2} \cdot \left(\frac{1}{n_1^2} - \frac{1}{n_2^2}\right)$$

Zwischen der Frequenz f und der Wellenlänge λ des abgestrahlten Lichts besteht die Beziehung $f = \frac{c}{\lambda}$.

$$\frac{hc}{\lambda} = \frac{me^4}{8\varepsilon_0^2 h^2} \cdot \left(\frac{1}{n_1^2} - \frac{1}{n_2^2}\right)$$

$$\frac{1}{\lambda} = \frac{me^4}{8\varepsilon_0^2 h^3 c} \cdot \left(\frac{1}{n_1^2} - \frac{1}{n_2^2}\right)$$

Der Faktor $\frac{me^4}{8\varepsilon_0^2 h^3 c}$ wird als RYDBERG-Konstante R bezeichnet.

> **Regel**
>
> Für die Wellenlängen λ der Linien im Wasserstoffatomspektrum gilt:
>
> $$\frac{1}{\lambda} = R \cdot \left(\frac{1}{n_1^2} - \frac{1}{n_2^2}\right)$$
>
> $R = 1{,}10 \cdot 10^7$ m^{-1} ist die **RYDBERG-Konstante**.
> n_2 ist die Quantenzahl des Ausgangsniveaus.
> n_1 ist die Quantenzahl des Endniveaus.

Unter Verwendung der RYDBERG-Konstanten $R = \dfrac{me^4}{8\varepsilon_0^2 h^3 c}$ lässt sich die Formel für die Gesamtenergie $E_n = -\dfrac{me^4}{8\varepsilon_0^2 h^2} \cdot \dfrac{1}{n^2}$ einfacher schreiben:

> Auf der n-ten Quantenbahn hat das Elektron die Energie $E_n = -Rhc \cdot \dfrac{1}{n^2}$.

Normalerweise befindet sich das Atom im Grundzustand. Dabei kreist das Elektron auf der Quantenbahn mit der Quantenzahl $n = 1$, denn diese Bahn hat das niedrigste Energieniveau: $E_1 = -Rhc \cdot \dfrac{1}{1^2} = -Rhc$

Betrachten wir nun den Grenzfall $n \to \infty$: Für den Bahnradius ergibt sich $r_\infty \to \infty$, für die Gesamtenergie $E_\infty = 0$. In diesem Fall befindet sich das Elektron in so großer Entfernung vom Kern, dass es von dessen Anziehungskraft nichts mehr spürt.

> **Definition**
> Diejenige Energie, die man dem Wasserstoffatom im Grundzustand zuführen muss, damit das Elektron den Anziehungsbereich des Kerns verlässt, bezeichnet man als seine **Ionisierungsenergie**.

Die Ionisierungsenergie E_H ist also die Energiedifferenz $E_\infty - E_1 = 0 - (-Rhc) = Rhc$. Verwenden wir für die drei Naturkonstanten R, h und c etwas präzisere Werte, so erhalten wir:

$E_H = Rhc = 1{,}097 \cdot 10^7 \, \text{m}^{-1} \cdot 6{,}626 \cdot 10^{-34} \, \text{J s} \cdot 2{,}998 \cdot 10^8 \, \text{m s}^{-1} = 2{,}179 \cdot 10^{-18} \, \text{J} =$

$= 2{,}179 \cdot 10^{-18} \, \text{J} \cdot 6{,}242 \cdot 10^{18} \, \dfrac{\text{eV}}{\text{J}} = 13{,}6 \, \text{eV}$

> Die Ionisierungsenergie des Wasserstoffatoms beträgt $E_H = Rhc = 13{,}6 \, \text{eV}$.

Das BOHRsche Modell stellt eine deutliche Verbesserung des RUTHERFORDschen Models dar. Dennoch weist es erhebliche Mängel auf: Wenn sich das Elektron wirklich auf einer räumlich stabilen Kreisbahn bewegen würde, so müsste das Atom die Form einer flachen Scheibe haben. In Wahrheit ist es kugelförmig.

Ein weiterer Nachteil des BOHRschen Modells besteht darin, dass es sich nur auf Einelektronensysteme anwenden lässt. Neben dem Wasserstoffatom sind dies lediglich die Ionen, bei denen *ein* Elektron zu einem Kern mit Z Protonen gehört. Das einfach ionisierte Helium He$^+$ hat $Z = 2$ Protonen, das zweifach ionisierte Lithium Li^{++} hat $Z = 3$ Protonen.

Da ein Kern mit Z Protonen die Ladung $Z \cdot e$ hat, beträgt die COULOMB-Kraft des Kerns auf das Elektron nicht $\frac{1}{4\pi\varepsilon_0} \cdot \frac{e^2}{r^2}$, sondern $\frac{1}{4\pi\varepsilon_0} \cdot \frac{Z \cdot e^2}{r^2}$. Alle Formeln für das Wasserstoffatom, die auf Gleichung **I** (Seite 41) folgen, bleiben für diese Ionen mit einem Elektron gültig, wenn man nur e^2 durch $Z \cdot e^2$ ersetzt.

Eine Übertragung des BOHRschen Modells auf Atome mit *mehreren Elektronen* führt aber zu falschen Aussagen.

Heute wird das **quantenmechanische Atommodell** für richtig gehalten. Es ist allerdings wenig anschaulich, besagt doch die Unschärferelation, dass sich über die Bahn des Elektrons prinzipiell keine Aussage machen lässt. Man kann nur die *Aufenthaltswahrscheinlichkeit* des Elektrons an jedem Ort in der Umgebung des Kerns angeben. Der Bereich hoher Aufenthaltswahrscheinlichkeit heißt **Orbital**.

Aufgaben 3.3–3.6 am Ende des Kapitels

Im Grundzustand des Wasserstoffatoms befindet sich das Elektron in einem kugelförmigen Orbital, dessen Radius $5{,}3 \cdot 10^{-11}$ m beträgt. Dies ist der Radius der ersten BOHRschen Quantenbahn.
Im quantenmechanischen Modell ergeben sich dieselben Energieniveaus E_n wie im BOHRschen Modell.

3.3 Der FRANCK-HERTZ-Versuch

NIELS BOHR wurde durch das Auftreten optischer Spektrallinien zu seinem Atommodell veranlasst. Atome gehen in einen anderen Energiezustand über, wenn sie ein Photon emittieren oder absorbieren. Das Atom kann das Photon allerdings nur dann absorbieren, wenn es *genau* die zur Energiedifferenz zwischen beiden Zuständen „passende" Energie hat.

Ein wichtiges Experiment, mit dem die Existenz *diskreter Energiezustände* auf andere Weise bestätigt wurde, gelang 1914 JAMES FRANCK und GUSTAV HERTZ. Atome können nämlich nicht nur Energie von Photonen, sondern auch von Elektronen absorbieren.
Der Versuch zeigt: Nur wenn das Elektron eine für die Atomart charakteristische Mindestenergie mitbringt, kann es beim Zusammenstoß mit einem Atom Energie an dieses abgeben. Der Stoß versetzt das Atom in einen höheren Energiezustand, der vom Grundzustand durch eine Energiestufe getrennt ist.

Der Versuchsaufbau enthält einen mit Quecksilberdampf gefüllten Glaskolben, in dem sich drei Elektroden befinden: die Glühkathode K, das Anodengitter A und die Auffängerelektrode B.

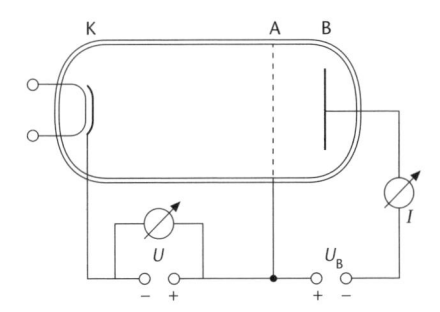

Atommodelle

Die aus der Glühkathode austretenden Elektronen werden durch die regelbare Spannung U bis zum Anodengitter A beschleunigt und müssen anschließend bis zur Auffängerelektrode B gegen eine geringe Bremsspannung U_B anlaufen.

Man variiert die Beschleunigungsspannung U, misst den in der Auffängerelektrode B eintreffenden Elektronenstrom I und erhält den rechts dargestellten Zusammenhang:

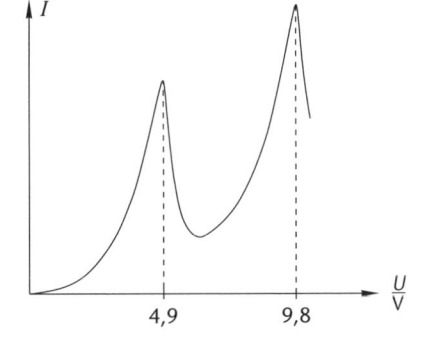

Wie erklärt sich dieser Verlauf?

Beim Quecksilberatom beträgt die Differenz zwischen der Energie E_0 des Grundzustands und der Energie E_1 des niedrigsten angeregten Zustands $\Delta E = E_1 - E_0 = 4{,}9\,\text{eV}$.

Bei einer Beschleunigungsspannung unter 4,9 V ist die kinetische Energie der Elektronen geringer als 4,9 eV. Zwischen den Elektronen und den Quecksilberatomen können nur *elastische* Stöße, also Stöße ohne Energieaustausch, stattfinden. Mit zunehmender Spannung U erreichen pro Zeiteinheit immer mehr Elektronen das Anodengitter A. Alle besitzen genug Energie, die Bremsspannung U_B zu überwinden, der Strom I steigt an.

Bei einer Beschleunigungsspannung knapp oberhalb 4,9 V haben die Elektronen unmittelbar vor dem Anodengitter A eine kinetische Energie knapp über 4,9 eV. Dort finden jetzt *inelastische* Stöße statt: Die Elektronen geben 4,9 eV als Anregungsenergie an die Quecksilberatome ab. Mit der ihnen verbleibenden geringen kinetischen Energie können sie nicht mehr gegen die Bremsspannung U_B anlaufen. Sie fallen für die Strommessung aus. Der Strom I fällt stark ab.

Bei einem weiteren Anstieg der Beschleunigungsspannung deutlich über 4,9 V hinaus erreichen die Elektronen die kinetische Energie 4,9 eV schon immer weiter vor dem Anodengitter. Das Gebiet, in dem die inelastischen Stöße stattfinden, bewegt sich vom Anodengitter A auf die Glühkathode K zu. Zwischen diesem Gebiet und dem Anodengitter werden die beim Stoß abgebremsten Elektronen noch einmal beschleunigt. Der Strom I steigt also wieder an.

Atommodelle

Bei einer Beschleunigungsspannung knapp oberhalb 9,8 V können die Elektronen bereits in der Mitte zwischen der Glühathode K und dem Anodengitter A den ersten inelastischen Stoß durchführen und dabei 4,9 eV abgeben. Danach werden sie erneut beschleunigt und erreichen unmittelbar vor dem Anodengitter noch einmal die kinetische Energie 4,9 eV. Sie können einen zweiten inelastischen Stoß durchführen. Der Strom I fällt deshalb wiederum stark ab.

Aufgabe 3.7 am Ende des Kapitels Ein durch inelastischen Elektronenstoß angeregtes Quecksilberatom kehrt aus dem ersten angeregten Zustand durch Emission eines Photons der Energie $hf = 4{,}9$ eV in den Grundzustand zurück.

3.4 Röntgenstrahlung

Im Periodensystem ist jedes chemische Element durch seine Ordnungszahl Z gekennzeichnet. Die Struktur des Periodensystems hängt mit dem schalenartigen Aufbau der Atomhülle zusammen, der bei der Untersuchung von Röntgenspektren entdeckt wurde.

Röntgenstrahlen sind elektromagnetische Wellen mit Wellenlängen von 10^{-8} m bis 10^{-13} m. Sie lassen sich in einer Vakuumröhre erzeugen. Die aus der Glühkathode austretenden Elektronen werden durch eine Hochspannung beschleunigt. Die Röntgenstrahlung entsteht in der Anode, wenn die Elektronen mit hoher Geschwindigkeit in das Metall eindringen.

Die von der Anode emittierte Röntgenstrahlung ist immer ein Gemisch aus Wellen mit vielen verschiedenen Wellenlängen. Den Verlauf der Intensität in Abhängigkeit von der Wellenlänge bezeichnet man als **Spektrum**. Das Emissionsspektrum einer Röntgenröhre kann mit dem Drehkristallverfahren gemessen werden.

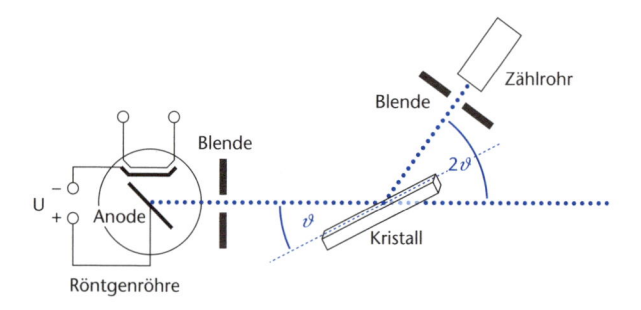

Dazu werden ein drehbar gelagerter Kristall und ein Zählrohr benötigt. Der Kristall wird in eine Position gedreht, in der der Röntgenstrahl unter dem Winkel ϑ auf seine Oberfläche trifft. Die Wellenlänge der Röntgenstrahlung ist etwa so groß wie die Wellenlänge der Materiewelle, die einem Elektronenstrahl zugeordnet wird, wovon in Kapitel 2.5 die Rede war. Und tatsächlich werden Röntgenstrahlen ebenso wie Elektronen an einem Kristall nur dann

Atommodelle

reflektiert, wenn die uns schon vertraute BRAGGsche Beziehung erfüllt ist: $k \cdot \lambda = 2d \cdot \sin\vartheta$. Die Intensität der Interferenzmaxima höherer Ordnung mit k = 2, 3, … ist äußerst gering, sodass man praktisch nur das Maximum 1. Ordnung mit k = 1 beobachten kann.

> Trifft Röntgenstrahlung unter dem Einfallswinkel ϑ auf einen Kristall mit dem Netzebenenabstand d, so wird nur der Strahlungsanteil reflektiert, der die Wellenlänge
>
> $\quad\lambda = 2d \cdot \sin\vartheta$
>
> hat.

Mit dem Zählrohr werden die pro Sekunde eintreffenden Photonen der reflektierten Strahlung gezählt und so die Intensität gemessen. Die Richtung der reflektierten Strahlung bildet mit der Richtung der ankommenden Röntgenstrahlung den Winkel 2ϑ, denn es gilt das Reflexionsgesetz: Einfallswinkel = Ausfallswinkel.

Durch Drehen des Kristalls wird der Glanzwinkel ϑ und damit die Wellenlänge der reflektierten Röntgenstrahlung variiert. Dreht man jedes Mal das Zählrohr in Richtung des reflektierten Strahls und misst die zugehörige Zählrate, so bestimmt man die Intensität in Abhängigkeit von der Wellenlänge und erhält das Emissionsspektrum der verwendeten Röntgenröhre:

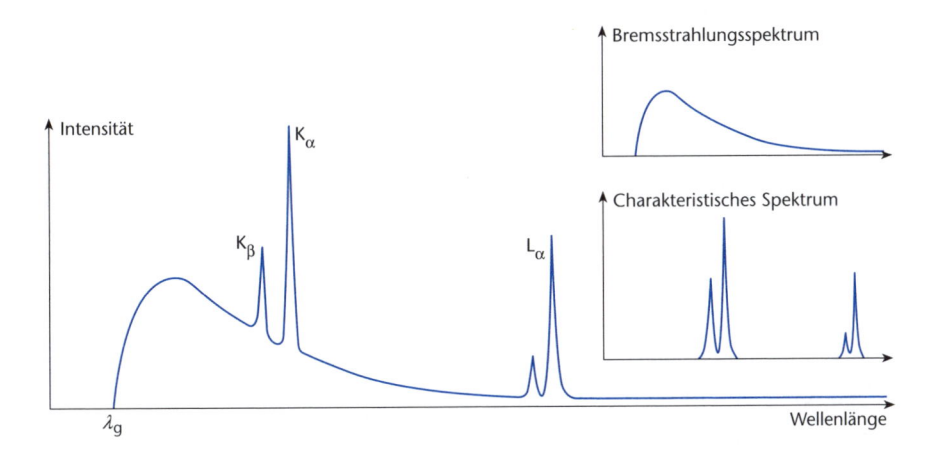

Das Emissionsspektrum ist eine Überlagerung zweier Spektren. Der kontinuierliche Anteil ist das Bremsstrahlungsspektrum, der diskrete Anteil ist das charakteristische Spektrum.
Röntgenstrahlung kann nämlich auf zwei Arten zustande kommen.

Atommodelle

Bremsstrahlung entsteht, wenn ein Elektron nach Durchlaufen der Spannung U in der Anode nacheinander von verschiedenen Atomkernen abgelenkt und abgebremst wird. Bei jedem Bremsprozess wird ein Teil der ursprünglichen kinetischen Energie eU des Elektrons in Strahlungsenergie umgewandelt. Dabei entstehen Photonen, deren Energien hf alle möglichen Werte zwischen Null und eU annehmen können.

$$hf \leq eU$$

Wegen $f = \dfrac{c}{\lambda}$ gilt: $\dfrac{hc}{\lambda} \leq eU \Rightarrow \lambda \geq \dfrac{hc}{eU}$

Das energiereichste Photon entsteht, wenn die gesamte kinetische Energie eines Elektrons in einem einzigen Bremsprozess in die Energie eines Photons umgewandelt wird. Die dabei entstehende Strahlung hat die kürzestmögliche Wellenlänge λ_g.

> Wird eine Röntgenröhre mit der Beschleunigungsspannung U betrieben, so kann die emittierte Strahlung keine kürzere Wellenlänge haben als die Grenzwellenlänge
>
> $$\lambda_g = \dfrac{hc}{eU}$$

Charakteristische Strahlung entsteht, wenn ein Elektron nach Durchlaufen der Spannung U in der Anode so auf ein Atom stößt, dass aus einer inneren Schale dieses Atoms ein Elektron herausgeschlagen wird. Die entstandene Lücke wird dann durch ein Elektron aus einer höheren Schale des gleichen Atoms aufgefüllt. Beim Quantensprung dieses Elektrons wird ein Photon der charakteristischen Strahlung emittiert.

Was sind das für Schalen? In einem Atom mit einer hohen Kernladungszahl Z sind die Z Elektronen nicht alle gleich stark an den Kern gebunden. Zwei Elektronen befinden sich nahe am Kern auf dem niedrigsten Energieniveau mit der Quantenzahl $n = 1$. Man sagt: Sie befinden sich in der innersten Schale, der K-Schale. Etwas weiter vom Kern entfernt ist die L-Schale mit der Quantenzahl $n = 2$. Auf diesem etwas höheren Energieniveau befinden sich acht Elektronen. Noch weiter außen ist die M-Schale mit $n = 3$. Sie enthält bis zu 18 Elektronen. Je nach Ordnungszahl Z des Atoms können noch weitere Elektronen auf noch höheren Energieniveaus existieren.

Die Anziehungskraft des positiven Kerns auf das Elektron, das von einer Schale mit der Quantenzahl n_2 in eine innere Schale mit der Quantenzahl n_1 wechselt, wird abgeschwächt durch die negativen Elektronen, die sich in den inneren Schalen zwischen ihm und dem Kern befinden. Es ist, als würde sich das Elektron ganz allein im Feld eines Kerns bewegen, bei dem die Anzahl Z der positiven Ladungen um die Abschirmzahl σ auf $Z - \sigma$ verringert wäre.

Für die Wellenlängen der Linien im Röntgenspektrum gilt das MOSELEYsche Gesetz:

$$\frac{1}{\lambda} = R \cdot (Z - \sigma)^2 \cdot \left(\frac{1}{n_1^2} - \frac{1}{n_2^2}\right)$$

Die Abschirmzahl σ ist für jeden Übergang eine andere und muss von Fall zu Fall experimentell bestimmt werden. Nur für den Übergang von $n_2 = 2$ nach $n_1 = 1$, bei dem eine Lücke in der K-Schale durch ein Elektron aus der L-Schale aufgefüllt wird, lässt sie sich durch Überlegung gewinnen. Eine Lücke in der K-Schale bedeutet, dass in dieser Schale nur noch ein Elektron verblieben ist. Es befindet sich nahe am Kern und schirmt dessen Ladung etwas ab. Die Abschirmzahl ist somit $\sigma = 1$. Bei diesem Übergang entsteht ein Photon, das zu einer Spektrallinie beiträgt, die K_α-Linie genannt wird. Es gilt

$$\frac{1}{\lambda} = R \cdot (Z - 1)^2 \cdot \left(\frac{1}{1^2} - \frac{1}{2^2}\right) \Rightarrow \frac{1}{\lambda} = R \cdot (Z - 1)^2 \cdot \left(1 - \frac{1}{4}\right)$$

> Zwischen der Wellenlänge λ der K_α-Linie im Röntgenspektrum und der Ordnungszahl Z des Anodenmaterials besteht der Zusammenhang
>
> $$\frac{1}{\lambda} = \frac{3}{4} \cdot R \cdot (Z - 1)^2$$
>
> $R = 1{,}10 \cdot 10^7\ \text{m}^{-1}$ ist die RYDBERG-Konstante.

Die Wellenlänge dieser Linie ist also charakteristisch für die Art des Anodenmaterials, daher auch der Name „charakteristische Strahlung".
Weitere wichtige Linien im Röntgenspektrum sind die K_β-Linie, die bei einem Übergang von der M- in die K-Schale entsteht, und die L_α-Linie, die bei einem Übergang von der M- in die L-Schale entsteht.

Aufgaben 3.8; 3.9 am Ende des Kapitels

3.5 Übungsaufgaben zu Kapitel 3

3.1 ERNEST RUTHERFORD stellte fest, dass α-Teilchen tief in das Innere der Atome eindringen können. Er beschoss eine dünne Goldfolie mit α-Teilchen der Masse $6{,}6 \cdot 10^{-27}$ kg und der Geschwindigkeit $2{,}1 \cdot 10^7\ \text{m s}^{-1}$.
Während die allermeisten α-Teilchen die Folie fast ohne Ablenkung durchdrangen, prallte hin und wieder ein α-Teilchen an der Folie so zurück, dass es seine Bewegungsrichtung um 180° umkehrte. Dieses α-Teilchen musste zentral auf einen Goldatomkern getroffen sein.

a) Berechnen Sie die potenzielle Energie eines α-Teilchens im abstoßenden elektrischen Feld des Goldatomkerns als Funktion des Abstandes r vom Zentrum des Kerns.
Die Ladung eines α-Teilchen beträgt das Doppelte, die des Goldatomkerns das 79fache der Elementarladung.

Atommodelle

b) Berechnen Sie den Abstand eines zentral auf einen Goldatomkern treffenden α-Teilchens im Moment der größten Annäherung.

c) Im Moment der größten Annäherung befindet sich das α-Teilchen sicher noch außerhalb des Atomkerns. Vergleichen Sie den Radius des Atomkerns mit dem Radius $r_A = 0{,}13$ nm eines Goldatoms.

Aufgabe 3.2 Im BOHRschen Modell des Wasserstoffatoms bewegt sich das Elektron auf einer Kreisbahn um den Kern.

a) Leiten Sie Formeln her für den Bahnradius r_n, die Geschwindigkeit v_n und die Umlaufdauer T_n des Elektrons auf der n-ten Quantenbahn.

b) Berechnen Sie Bahnradius, Geschwindigkeit und Umlaufdauer des Elektrons für ein Wasserstoffatom im Grundzustand und ein Wasserstoffatom im ersten angeregten Zustand.

Aufgabe 3.3 Die Energie des Elektrons im Wasserstoffatom kann nur diskrete Werte annehmen.

a) Berechnen Sie die vier niedrigsten Energiestufen in eV.

b) Das Nullniveau der Energie wird manchmal auch anders definiert: Berechnen Sie dieselben Energiestufen wie in Teilaufgabe a, wenn als Nullniveau die Energie des Atoms im Grundzustand gewählt wird.
Zeichnen Sie beide Energieniveauschemas nebeneinander.

c) Können Wasserstoffatome im Grundzustand Photonen der Energie 12,5 eV absorbieren?
Begründen Sie Ihre Antwort.

d) Können Wasserstoffatome im Grundzustand durch Stöße mit Elektronen der Energie 12,5 eV angeregt werden?
Begründen Sie Ihre Antwort und berechnen Sie gegebenenfalls die Wellenlängen des Lichts, das von den angeregten Atomen emittiert werden kann.

e) Berechnen Sie Wellenlänge und Frequenz des Lichts, mit dem das Elektron aus der ersten in die vierte Quantenbahn gebracht werden kann.

f) Berechnen Sie die Frequenz des Lichts, mit dem ein Atom, dessen Elektron sich in der vierten Quantenbahn befindet, ionisiert werden kann.

Aufgabe 3.4 Die sichtbaren Linien im Spektrum von Wasserstoffatomgas werden durch Übergänge aus höher angeregten Zuständen in den ersten angeregten Zustand erzeugt. Sie stellen die BALMER-Serie dar.
Berechnen Sie die Quantenzahl des Anregungszustands von Wasserstoffatomen, die in der BALMER-Serie die blaue Linie der Wellenlänge 433 nm erzeugen.

Atommodelle

3.5 Das Elektron des Wasserstoffatoms hat im Grundzustand den Bahnradius $r_H = 0{,}53 \cdot 10^{-10}$ m. Die Ionisierungsenergie beträgt $E_H = 13{,}6$ eV. Das Heliumion He⁺ gleicht dem Wasserstoffatom, allerdings hat sein Kern die Ladung $Q = 2e$.

a) Berechnen Sie den Bahnradius r des Elektrons des He⁺-Ions im Grundzustand und vergleichen Sie ihn mit r_H.

b) Berechnen Sie die Ionisierungsenergie E des He⁺-Ions und vergleichen Sie sie mit E_H.

3.6 Bei Natriumatomen beträgt die Ionisierungsenergie 5,14 eV. Sie können durch Absorption von Licht der Wellenlänge 589 nm aus dem Grundzustand in einen angeregten Zustand gelangen.
Mit welcher Geschwindigkeit muss ein Elektron auf ein bereits angeregtes Natriumatom stoßen, um es zu ionisieren?

3.7 Der FRANCK-HERTZ-Versuch wird mit Quecksilberdampf durchgeführt. Es wird die Stromstärke I in Abhängigkeit von der Beschleunigungsspannung U gemessen.

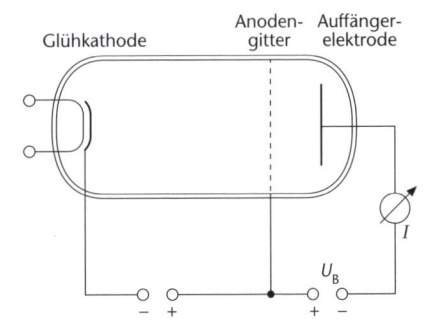

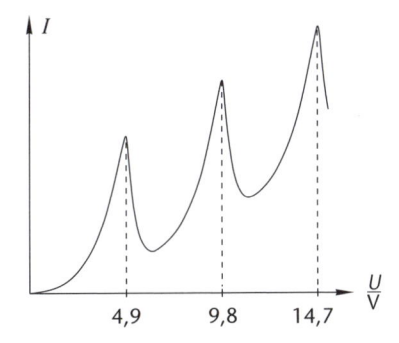

a) Warum entsteht im FRANCK-HERTZ-Rohr ultraviolettes Licht? Welche Wellenlänge hat es?

b) Wo im FRANCK-HERTZ-Rohr entsteht das ultraviolette Licht, wenn die Beschleunigungsspannung $U = 9{,}8$ V beträgt?

3.8 Eine Röntgenröhre wird mit der Spannung 35,0 kV betrieben. Die emittierte Strahlung trifft auf einen Drehkristall mit dem Netzebenenabstand 46,3 pm. Bei den Glanzwinkeln $\vartheta_1 = 43{,}1°$ und $\vartheta_2 = 51{,}1°$ treten Maxima der Reflexion auf.

a) Berechnen Sie die Grenzwellenlänge.

b) Welche Wellenlängen λ_1 und λ_2 haben die beiden Maxima?

Atommodelle

c) Die beiden Maxima sind die K_α- und die K_β-Linie. Welche Wellenlänge hat die K_α-Linie?
   Begründen Sie Ihre Antwort.

d) Aus welchem Material besteht die Anode der Röntgenröhre?

e) Berechnen Sie die Abschirmzahl σ für den Quantensprung aus der M- in die K-Schale.

f) Welche Wellenlänge λ_3 hat die L_α-Linie?

Aufgabe 3.9 Aus der K-Schale eines Atoms mit der Kernladungszahl Z kann nur dann ein Elektron herausgeschlagen werden, wenn die Anregungsenergie mindestens $E_A = 13{,}6\text{ eV} \cdot (Z-1)^2$ beträgt. Ein Molybdänatom hat die Kernladungszahl 42. Ein Wolframatom hat die Kernladungszahl 74.

a) Vergleichen Sie E_A mit der Energie E eines Photons der K_α-Strahlung.

b) Wird in einer mit der Spannung 50,0 kV betriebenen Röntgenröhre eine Molybdänanode verwendet, so kommt in ihrem Emissionsspektrum die K_α-Linie vor. Wird aber bei gleicher Spannung eine Wolframanode verwendet, so gibt es keine K_α-Linie. Erklären Sie diese Tatsache.

Radioaktivität

4.1 Nachweisgeräte für radioaktive Strahlung

Das Wort Radioaktivität klingt für viele Menschen bedrohlich. Es besagt, dass instabile Atomkerne „strahlungsaktiv" sind. Sie senden unsichtbare Strahlung aus und wandeln sich dabei in andere Atomkerne um.

Für diese Strahlung hat sich die etwas unglückliche Bezeichnung „radioaktive Strahlung" eingebürgert. Auch wir werden sie verwenden, aber wir bleiben uns darüber im Klaren, dass eigentlich nicht die Strahlung, sondern die Strahlen*quelle* „radioaktiv", also *Strahlen aussendend*, ist.

Radioaktive Strahlung lässt sich durch ihre ionisierende Wirkung nachweisen. Sie schädigt den menschlichen Körper, wenn sie Moleküle von Gewebezellen oder Moleküle mit genetischer Information ionisiert und so in ihrer Funktion beeinträchtigt.

Die in der Schule üblichen Nachweisgeräte für radioaktive Strahlung sind die **Ionisationskammer**, das **Zählrohr** und die **Nebelkammer**.

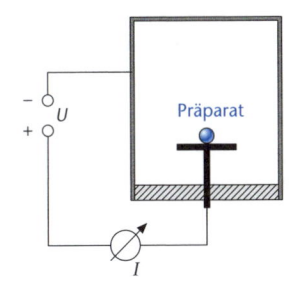

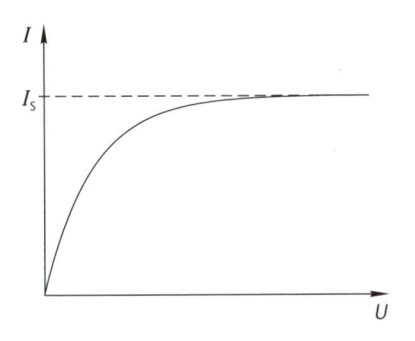

Ionisationskammer

Die Ionisationskammer ist ein mit Gas gefülltes Gefäß, dessen metallische Außenwand gegen die Innenelektrode isoliert ist. Die von dem radioaktiven Präparat ausgehende Strahlung ionisiert Moleküle des Füllgases. Es fließt ein Ionisationsstrom I, denn die positiven Ionen bewegen sich zur negativen Wand und die Elektronen zur positiven Elektrode. Die Ionen können sich auf diesem Weg aber auch wieder mit Elektronen zu neutralen Molekülen vereinigen. Dies wird als Rekombination bezeichnet.

Radioaktivität

Oberhalb einer bestimmten Spannung U gelangen jedoch alle erzeugten Ionen und Elektronen so schnell zu den Elektroden, dass sie nicht mehr rekombinieren können. Der Ionisationsstrom I nimmt dann einen Sättigungswert I_s an, aus dem sich auf die je Sekunde erzeugte Ladung und damit auf Art und Energie der radioaktiven Strahlung schließen lässt.

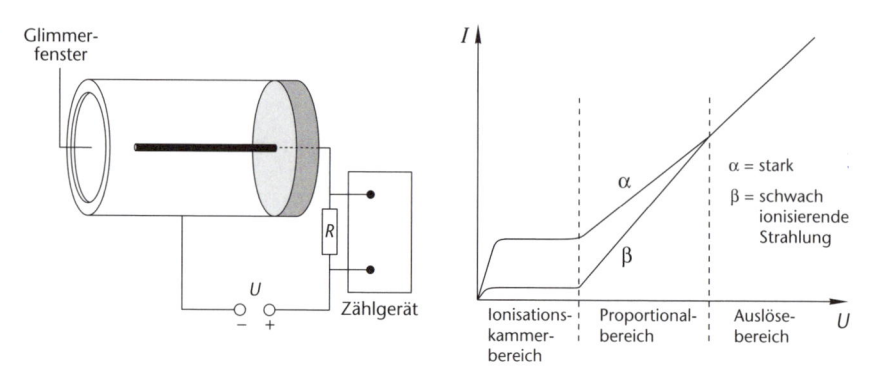

Zählrohr

Das Zählrohr besteht aus einem negativ geladenen zylindrischen Rohr und einem positiv geladenen Draht in dessen Mitte. Die radioaktive Strahlung kann durch ein dünnes Glimmerfenster in das Zählrohr eintreten, wo sie Atome des Füllgases ionisiert. Je nach Höhe der angelegten Spannung U spielen sich danach verschiedene Vorgänge ab.

Man unterscheidet drei Arbeitsbereiche:

Bei niedriger Spannung arbeitet das Zählrohr als Ionisationskammer, bei mittlerer Spannung als Proportionalzähler und bei hoher Spannung als Auslösezähler, den man auch GEIGER-MÜLLER-Zähler nennt.

Liegt die Spannung im Ionisationskammerbereich, so tragen nur die von der radioaktiven Strahlung direkt erzeugten Ionen und Elektronen zum Zählerstrom I bei. Radioaktive Strahlung, die nur wenige Ionen erzeugt, kann so nicht nachgewiesen werden.

Liegt die Spannung im Proportionalbereich, so werden die bei der Ionisation durch die radioaktive Strahlung freigesetzten Elektronen auf ihrem Weg zum Draht viel stärker beschleunigt. Sie können deshalb weitere Atome ionisieren. Jedes durch die radioaktive Strahlung primär erzeugte Elektron löst also eine Elektronenlawine aus. Die Zahl der insgesamt gebildeten Elektronen und damit der Zählerstrom I ist proportional zur Zahl der primär gebildeten Elektronen. Deshalb lässt sich die von der radioaktiven Strahlung im Zählrohr abgegebene *Energie* messen.

Liegt die Spannung im Auslösebereich, so werden bei den Stößen der Elektronen mit den Füllgasatomen nicht nur Ionen, sondern auch noch Photonen erzeugt. Diese setzen im gesamten Gasraum und an der Zählrohrwand durch den Fotoeffekt zusätzliche Elektronen frei. Jedes radioaktive Teilchen löst nun den gleichen, das ganze Zählrohr erfassenden Entladungsvorgang aus. Der Vorteil dieser Betriebsart ist, dass auch sehr geringe radioaktive Strahlung nachgewiesen werden kann, selbst wenn sie im Zählrohr nur eine einzige Ionisation bewirkt. Der Nachteil ist, dass man die radioaktiven Teilchen nur zählen kann. Die im Zählrohr abgegebene Energie lässt sich nicht mehr messen.

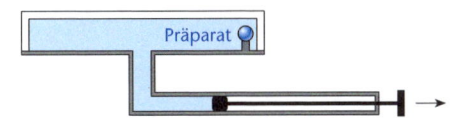

Nebelkammer

Eine WILSONSCHE Nebelkammer ist ein Gefäß, in dem sich mit Wasserdampf gesättigte Luft befindet. Sein Volumen kann durch rasche Bewegung eines Kolbens stark vergrößert werden. Dabei kühlt sich die Luft sehr plötzlich ab und kann nun weniger Wasser in gasförmigen Zustand aufnehmen als vorher. Das Waser kondensiert an den Ionen, die durch die radioaktive Strahlung erzeugt wurden.

Im Augenblick der Expansion des Gasvolumens werden so die Bahnen radioaktiver Teilchen sichtbar. Der Vorgang lässt sich vergleichen mit der Entstehung eines Kondensstreifens, der uns zeigt, wo ein Düsenflugzeug geflogen ist, auch wenn wir es selbst nicht sehen können.

4.2 Aufbau der Atomkerne

Radioaktive Strahlung entsteht im Atomkern. Atomkerne bestehen aus zwei Arten von Teilchen, dem **Proton**, das die Ladung $+e$ trägt, und dem ungeladenen **Neutron**. Beide Teilchen werden zusammenfassend als **Nukleonen** bezeichnet.

Allein die Anzahl Z der Protonen bestimmt die Ladung des Kerns. Die Atomhülle besteht dann auch aus Z Elektronen, wodurch die Art des betreffenden chemischen Elements und dessen Einordnung in das Periodensystem bestimmt wird. Z heißt **Kernladungszahl** oder **Ordnungszahl**.

Proton und Neutron haben nahezu die gleiche Masse. Die Masse des Atomkerns ist also durch die Anzahl A seiner Nukleonen bestimmt.

> Atomkerne bestehen aus Z Protonen und N Neutronen.
> Die Summe $A = Z + N$ heißt **Massenzahl**.

Radioaktivität

Die Masse eines Kerns ist nicht einfach die Summe der Massen aller einzelnen Nukleonen. Wir kommen darauf im Kapitel 5 „Kernenergie" zurück. In Aufgaben, in denen die Kernmasse m nicht genauer als auf 1 % berechnet werden muss, können wir aber die einfache Beziehung

$$m = A \cdot u$$

verwenden.

Dabei ist $u = 1{,}6605 \cdot 10^{-27}$ kg die **atomare Masseneinheit**, die so definiert ist, dass dem Kohlenstoffatom mit $A = 12$ die Masse 12 u zugeordnet wird.

Definition

> Unter einem **Nuklid** versteht man eine bestimmte Kernart, die durch ihre Protonenzahl Z und ihre Neutronenzahl N charakterisiert wird.

So gibt es zum Beispiel ein Nuklid mit $Z = 92$ und $N = 146$. Wegen der Ordnungszahl 92 ist es ein Urankern, das chemische Symbol dieses Elements ist U.

Für dieses Nuklid mit der Massenzahl $A = Z + N = 238$ gibt es zwei Schreibweisen: U 238 oder $^{238}_{92}$U.

Es gibt noch Urannuklide mit anderen Massenzahlen, zum Beispiel U 233, U 234 und U 235.

Definition

> Nuklide mit der gleichen Protonenzahl Z, jedoch unterschiedlicher Massenzahl A heißen **Isotope**.

Werden alle Nuklide in ein N-Z-Diagramm eingetragen, erhält man die Nuklidkarte:

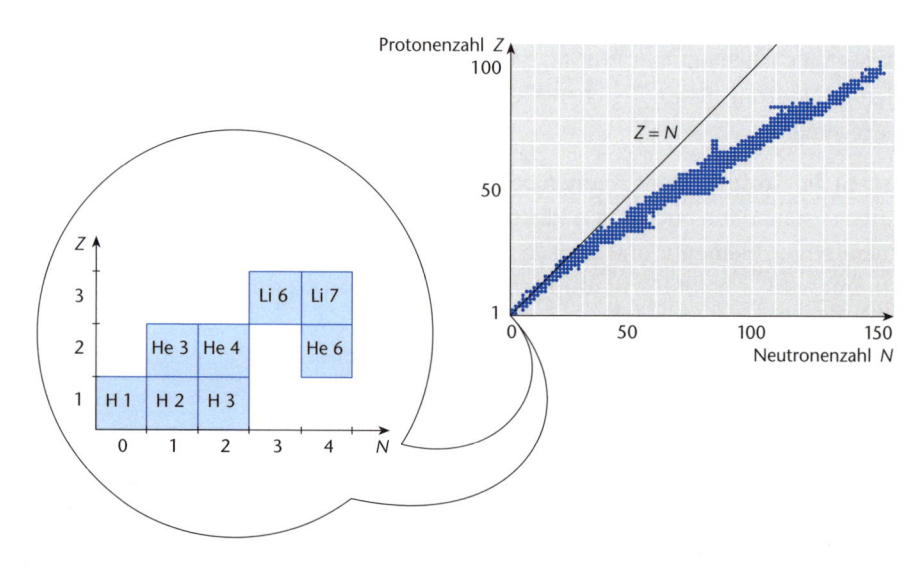

Man sieht: Die Anzahl N der Neutronen im Kern ist für leichte Kerne etwa gleich der Anzahl Z der Protonen, für schwere Kerne ist N etwas größer als Z.

4.3 Natürliche Radioaktivität

1896 entdeckte der französische Physiker Henri Becquerel die Radioaktivität des Urans. Wenig später fanden Marie und Pierre Curie, dass in der Natur noch andere stark radioaktive Substanzen vorkommen.

Die natürliche radioaktive Strahlung besteht aus drei Teilchenarten: positiven α-Teilchen, negativen β-Teilchen und ungeladenen γ-Quanten. Wegen ihrer unterschiedlichen Ladung werden sie im Magnetfeld verschieden abgelenkt.

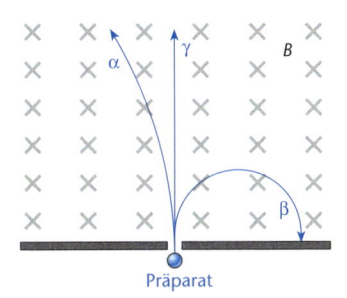

> α-Strahlen bestehen aus zweifach positiv geladenen Heliumkernen.

Die Nukliddarstellung des Heliumkerns ist ^4_2He oder $^4_2\alpha$.

Sie geben ihre gesamte Energie bei vielen, dicht aufeinander folgenden Ionisationen ab. Ihr Ionisationsvermögen ist also hoch, ihre Reichweite gering. In der Nebelkammer hinterlassen sie kurze, dicke Spuren. In Luft fliegen sie einige Zentimeter weit. Durch ein Blatt Papier werden sie bereits vollständig abgeschirmt.
Alle α-Teilchen eines Nuklids haben etwa die gleiche kinetische Energie.

> β-Strahlen bestehen aus Elektronen.

Die Nukliddarstellung des Elektrons ist $^{\ \ 0}_{-1}\beta$.

Sie haben ein etwa 100-mal geringeres Ionisationsvermögen als α-Strahlen und dafür eine ungefähr 100-mal so große Reichweite. In der Nebelkammer hinterlassen sie lange, dünne Spuren.
Alle β-Teilchen eines Nuklids haben unterschiedliche kinetische Energien, die meisten bewegen sich beinahe mit Lichtgeschwindigkeit.

> γ-Strahlen bestehen aus energiereichen Photonen.

Sie haben ein wesentlich geringeres Ionisationsvermögen und eine deutlich größere Reichweite als β-Strahlen. γ-Strahlung kann nur mit dicken Bleiplatten abgeschirmt werden.

Radioaktivität

Radioaktive Strahlung wird von instabilen Kernen emittiert. Ein schwerer Kern wie Uran-238, der wegen seiner zu hohen Nukleonenzahl instabil ist, wandelt sich in einen stabileren Kern um, wenn er ein α-Teilchen abgibt:

$$^{238}_{92}\text{U} \rightarrow {}^{234}_{90}\text{Th} + {}^{4}_{2}\alpha$$

> **!** Beim α-Zerfall entsteht ein neuer Kern, dessen Massenzahl A um 4 und dessen Kernladungszahl Z um 2 geringer ist als beim Ausgangskern.

Ein Kern wie Kohlenstoff-14, der instabil ist, weil er zu viele Neutronen hat, wird auf ungewöhnliche Art zu einem stabileren Kern: Eines seiner Neutronen verwandelt sich in ein positives Proton. Weder Masse noch Ladung können aber spontan neu entstehen. Deshalb bildet sich beim Zerfall ein Elektron, das die benötigte negative Elementarladung und eine gegenüber der Kernmasse vernachlässigbar geringe Masse besitzt. Es verlässt sofort den Kern.

$$^{14}_{6}\text{C} \rightarrow {}^{14}_{7}\text{N} + {}^{0}_{-1}\beta$$

> **!** Beim β-Zerfall entsteht ein neuer Kern mit derselben Massenzahl A wie der Ausgangskern, die Kernladungszahl Z ist aber um 1 erhöht.

Beim γ-Zerfall zerfällt der Kern gar nicht in ein anderes Nuklid. Die Bezeichnung „Zerfall" ist also nicht ganz konsequent. Der Kern geht lediglich aus einem angeregten Zustand in einen Zustand mit geringerer Energie über und sendet dabei ein Photon aus. Im Gegensatz zum α- oder β-Zerfall ändert der Kern weder seine Massen- noch seine Kernladungszahl.

Die meisten schweren radioaktiven Kerne sind sehr instabil. Sie wandeln sich nicht in einem einzigen Zerfallsschritt in einen stabilen Kern um, sondern durch mehrere aufeinander folgende. Jedes dieser Nuklide gehört einer von vier **radioaktiven Zerfallsreihen** an.

Zerfallsreihen Das Ausgangsnuklid der **Uran-Radium-Reihe** ist U 238. Beim α-Zerfall nimmt die Massenzahl um 4 ab, beim β- und γ-Zerfall ändert sie sich überhaupt nicht. Deshalb haben die Folgenuklide die Massenzahlen 234, 230, 226, ... Die Zerfallsreihe endet erst mit dem stabilen Nuklid Pb 206.
Teilt man diese Massenzahlen durch 4, so bleibt immer der Rest 2.

Aufgaben 4.1–4.3 am Ende des Kapitels In der **Thorium-Zerfallsreihe** haben die Nuklide Massenzahlen, die sich ohne Rest durch 4 teilen lassen. Bei der **Neptunium-Zerfallsreihe** bleibt der Rest 1 und bei der **Uran-Actinium-Zerfallsreihe** der Rest 3.

4.4 Das Zerfallsgesetz

Radioaktive Zerfallsprozesse verlaufen ungestört von äußeren Einflüssen wie Druck- oder Temperaturänderungen. Die pro Zeiteinheit von einer radioaktiven Substanz emittierte Strahlung nimmt in dem Maße ab, wie sich die Anzahl der radioaktiven Kerne verringert.

> Die Zeit, in der die Hälfte der ursprünglich vorhandenen Kerne eines radioaktiven Nuklids zerfallen, wird als **Halbwertszeit** T dieses Nuklids bezeichnet.

Definition

Der Zeitpunkt des Zerfalls eines *einzelnen* Kerns lässt sich nicht vorhersagen. In einer radioaktiven Substanz befinden sich aber immer sehr viele Kerne und dann gilt das **Zerfallsgesetz**:

> Wenn zur Zeit $t = 0$ von einem bestimmten Nuklid N_0 Kerne vorhanden sind, so beträgt zur Zeit t die Anzahl N der noch nicht zerfallenen Kerne:
>
> $$N = N_0 e^{-\lambda t}$$
>
> Dabei ist λ die für dieses Nuklid charakteristische **Zerfallskonstante**, die aus der Halbwertszeit T berechnet werden kann:
>
> $$\lambda = \frac{\ln 2}{T}$$

Der Zusammenhang zwischen λ und T ergibt aus der Definition der Halbwertszeit und dem Zerfallsgesetz.

Nach der Halbwertszeit T sind nur noch $\frac{1}{2} N_0$ Kerne vorhanden:

$$\frac{1}{2} N_0 = N_0 e^{-\lambda T} \quad \Rightarrow \quad e^{-\lambda T} = \frac{1}{2}$$

$$\ln(e^{-\lambda T}) = \ln \frac{1}{2} \quad \Rightarrow \quad -\lambda T = \ln 1 - \ln 2$$

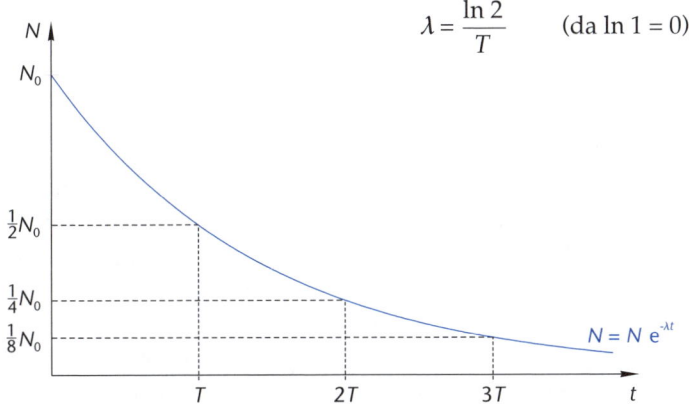

$$\lambda = \frac{\ln 2}{T} \quad \text{(da } \ln 1 = 0\text{)}$$

Radioaktivität

Mit jedem Zerfall nimmt die Anzahl N der unzerfallenen Kerne um 1 ab. N ist eine Funktion der Zeit und ihre Ableitung $\frac{dN}{dt}$ ist die Änderungsrate von N, also die Zahl der Kerne, die pro Zeiteinheit zerfallen:

$$N = N_0 e^{-\lambda t} \quad \Rightarrow \quad \frac{dN}{dt} = -\lambda \cdot N_0 e^{-\lambda t} \quad \Rightarrow \quad \frac{dN}{dt} = -\lambda \cdot N$$

Das Minuszeichen besagt, dass N immer abnimmt.

Zur Beurteilung der Aktivität einer radioaktiven Substanz verwenden wir den Betrag der Änderungsrate von N:

> **Definition**
>
> Die **Zerfallsrate** oder **Aktivität** A eines radioaktiven Präparats ist die Anzahl der Zerfälle pro Zeiteinheit. Sie ist stets proportional zur Anzahl N der momentan noch nicht zerfallenen Kerne:
>
> $$A = -\frac{dN}{dt} = \lambda \cdot N$$
>
> Die Zerfallskonstante λ ist der *gleichbleibende Bruchteil* der unzerfallenen Kerne, der pro Zeiteinheit radioaktiv zerfällt.

Die Einheit der Aktivität ist 1 Becquerel:

$$[A] = 1 \text{ Bq} = 1 \text{ s}^{-1}$$

Die Aktivität hängt sowohl von der Masse der radioaktiven Substanz als auch von der Nuklidart ab.

Sie sollten wissen, dass die Maßzahl der Aktivität wenig über die Gefährlichkeit einer Strahlungsquelle aussagt, denn verschiedene Nuklide können Teilchen höchst unterschiedlicher Energien emittieren.
Um die Auswirkung radioaktiver Strahlung auf den Menschen beurteilen zu können, muss man aber noch viele weitere Faktoren berücksichtigen. Hier seien nur die Masse und die relative Empfindlichkeit des bestrahlten Gewebes sowie die zeitliche und räumliche Verteilung der Bestrahlung genannt. Wir wollen uns mit dieser komplizierten Problematik nicht weiter befassen.

Der Ionisationsstrom I, der von einem in einer Ionisationskammer befindlichen Präparat verursacht wird, ist proportional zu dessen Aktivität A und damit zur Anzahl N der in ihm enthaltenen noch unzerfallenen Kerne.
Das gleiche gilt für die **Zählrate** Z. So bezeichnet man den von einem Zählrohr registrierten Bruchteil der Aktivität eines Präparats, das sich außerhalb des Zählrohrs befindet. Da die Stahlungsquelle in alle Richtungen emittiert, gelangt nur ein Teil ihrer Strahlung in das Zählrohr hinein.

Alle Größen, die wie A, I und Z zu N proportional sind, haben denselben vom Zerfallsgesetz bestimmten zeitlichen Verlauf:

$$A = A_0 e^{-\lambda t} \qquad I = I_0 e^{-\lambda t} \qquad Z = Z_0 e^{-\lambda t}$$

Dabei sind A_0, I_0 und Z_0 die jeweiligen Werte zur Zeit $t = 0$.

Aufgaben 4.4–4.11 am Ende des Kapitels

Es gibt auch noch andere Größen in der Physik, bei denen ebenso wie bei der Anzahl N der noch nicht zerfallenen Kerne die Änderungsrate proportional zum Momentanwert dieser Größe ist. Dann gilt für diese Größen auch eine Differenzialgleichung der Form $\dfrac{dN}{dt} = -\lambda \cdot N$.

Wenn Sie Freude an anspruchsvoller Mathematik haben: Im mentor-Band „Mehr Erfolg in Mathematik, Analysis 2" wird Ihnen im Kapitel 16 erklärt, wie man von dieser Gleichung auf die Lösung $N = N_0 \cdot e^{-\lambda t}$ kommt.

4.5 Kernreaktionen und künstliche Radioaktivität

Um Atomkerne näher zu untersuchen, kann man sie mit schnellen Teilchen beschießen und so **Kernreaktionen** auslösen. Als Geschossteilchen werden Protonen, Neutronen, α-Teilchen, γ-Photonen und die verschiedensten sonstigen Teilchen verwendet.

Bei einer *Austauschreaktion* wird das Geschossteilchen in den Zielkern eingebaut und dafür ein anderes Teilchen abgegeben. Werden zum Beispiel Stickstoff-14-Kerne mit α-Teilchen beschossen, so kann es vorkommen, dass das α-Teilchen im Kern verbleibt. Der entstandene Kern ist aber so instabil, dass er *sofort* ein Proton ausstößt. Die Reaktionsgleichung lautet:

$$^{14}_{7}\text{N} + {}^{4}_{2}\alpha \rightarrow {}^{17}_{8}\text{O} + {}^{1}_{1}\text{p}$$

Für das Proton gibt es zwei Schreibweisen: ${}^{1}_{1}\text{p}$ oder ${}^{1}_{1}\text{H}$

Eine Kernreaktion, bei der ein α-Teilchen in den Kern hineinfliegt und dafür ein Proton aus ihm herauskommt, wird als (α; p)-Reaktion bezeichnet. Man schreibt die Reaktionsgleichung auch so: ${}^{14}_{7}\text{N}\,(\alpha;\text{p})\,{}^{17}_{8}\text{O}$

1932 wurde beim Beschuss von Beryllium-9-Kernen mit α-Teilchen entdeckt, dass nicht ein Proton, sondern ein damals noch unbekanntes, neutrales Teilchen ausgestoßen wird, das Neutron ${}^{1}_{0}\text{n}$. Die Reaktionsgleichung lautet:

$$^{9}_{4}\text{Be} + {}^{4}_{2}\alpha \rightarrow {}^{12}_{6}\text{C} + {}^{1}_{0}\text{n} \qquad \text{oder} \qquad {}^{9}_{4}\text{Be}\,(\alpha;\text{n})\,{}^{12}_{6}\text{C}$$

Radium-226 ist ein α-Strahler. Ein Gemisch aus Radium und Beryllium stellt also eine Neutronenquelle dar. In ihr werden freie Neutronen erzeugt, die sich sehr schnell bewegen.

Radioaktivität

Es gibt noch die Reaktionsmöglichkeiten (p; α), (n; p), (n; γ), (γ; α) und viele andere. Man muss sie sich nicht merken, man sollte nur wissen:

Regel
> Eine Kernreaktion erfolgt stets so, dass sowohl die Summe der Massenzahlen als auch die Summe der Kernladungszahlen erhalten bleibt.

Bei Kernreaktionen können sich stabile Nuklide umwandeln in radioaktive Nuklide, die in der Natur nicht vorkommen. Sie zerfallen nach den gleichen Gesetzen wie natürliche Nuklide. Man spricht von „künstlicher Radioaktivität".

So wandelt sich ein stabiler Fluor-19-Kern unter Beschuss von α-Teilchen bei der Reaktion $^{19}_{9}F(\alpha;n)\,^{22}_{11}Na$ in künstlich radioaktives Natrium-22 um. Dieses zerfällt mit einer Halbwertszeit von 2,6 Jahren in das stabile Neon-22. Merkwürdig die Zerfallsgleichung:

$$^{22}_{11}Na \rightarrow\, ^{22}_{10}Ne +\, ^{0}_{1}\beta^+$$

Bei künstlich radioaktiven Kernen mit Protonenüberschuss tritt der β⁺-Zerfall auf: Ein Proton wandelt sich in ein Neutron um und ein Positron wird aus dem Kern ausgestoßen. Das Positron hat genau dieselben Eigenschaften wie das Elektron, nur ist seine Ladung nicht negativ, sondern positiv.

Wir wollen die Bezeichnung „β-Zerfall" weiter allein bei der Emission eines Elektrons benutzen. Von ihr ist viel häufiger die Rede als von der Emission eines Positrons. Genau genommen gibt es aber zwei Arten von β-Zerfällen: den β⁻-Zerfall und den β⁺-Zerfall.

Altersbestimmung Eine der wichtigsten Methoden zur Bestimmung des Alters von archäologischen Funden ist die C-14- oder **Radiocarbonmethode**.

Das radioaktive Nuklid Kohlenstoff-14 wird durch eine Kernreaktion gebildet: Mit der kosmischen Strahlung gelangen Neutronen von weit entfernten Sternen in die Erdatmosphäre. Wenn sie dort auf Luftstickstoffkerne treffen, können radioaktive C-14-Kerne neu entstehen.

Die Gleichung der Kernreaktion lautet:

$$^{14}_{7}N +\, ^{1}_{0}n \rightarrow\, ^{14}_{6}C +\, ^{1}_{1}p \qquad \text{oder} \qquad ^{14}_{7}N\,(n;p)\,^{14}_{6}C$$

C-14-Kerne sind β-Strahler. Die Zerfallsgleichung lautet:

$$^{14}_{6}C \rightarrow\, ^{14}_{7}N +\, ^{0}_{-1}\beta$$

Die zerfallenden C-14-Kerne werden ständig durch neu entstehende ersetzt. Im Kohlenstoffdioxid (CO_2) der Luft befindet sich somit neben den stabilen C-12-Kernen ein geringer, aber gleichbleibender Anteil von radioaktiven

C-14-Kernen. Organismen nehmen dieses Gemisch in sich auf, solange sie leben. Danach aber werden keine C-14-Kerne mehr nachgeliefert und ihr Anteil sinkt durch den β-Zerfall mit einer Halbwertszeit von 5730 Jahren. Also kann man mit dem Zerfallsgesetz aus dem C-12/C-14-Verhältnis den Zeitpunkt des Absterbens von Holz oder anderem organischen Material ermitteln.

Aufgaben 4.12–4.15 am Ende des Kapitels

4.6 Übungsaufgaben zu Kapitel 4

4.1 Ergänzen Sie die Zerfallsgleichungen der nachfolgenden α- und β-Zerfälle.
(In Ihrer Formelsammlung haben Sie sicher ein Periodensystem der chemischen Elemente. Dort finden Sie die benötigten chemischen Symbole und Ordnungszahlen.)

a) $^{213}_{?}\text{Po} \rightarrow \,^{?}_{?}? + \alpha$

b) $^{208}_{?}\text{Tl} \rightarrow \,^{?}_{?}? + \beta$

c) $^{?}_{?}\text{Pb} \rightarrow \,^{210}_{?}? + \beta$

d) $^{211}_{?}\text{Bi} \rightarrow \,^{?}_{81}? + ?$

4.2 Blei-207 ist das letzte Glied einer radioaktiven Zerfallsreihe. Es entsteht aus dem Ausgangsnuklid durch sieben α-Zerfälle und vier β-Zerfälle. Berechnen Sie die Ladungszahl Z und die Neutronenzahl N des Ausgangselements.

4.3 Die Abbildung zeigt den Ausschnitt einer radioaktiven Zerfallsreihe in einem Diagramm, in dem die Ladungszahl Z und die Massenzahl A aufgetragen sind.

a) Geben Sie die Zerfallsgleichungen auf beiden Zerfallswegen in der Reihenfolge der Zerfälle an.

Welche Besonderheit zeigt sich bei dem zweiten Nuklid dieses Zerfallsreihenausschnitts?

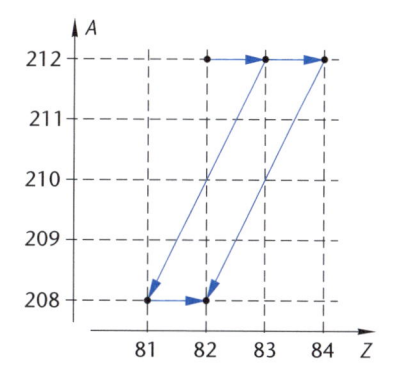

b) Es gibt 4 Zerfallsreihen. Die Uran-Radium-Reihe beginnt mit U 238, die Uran-Actinium-Reihe mit U 235, die Thorium-Reihe mit Th 232 und die Neptunium-Reihe mit Pu 241. Aus welcher dieser Zerfallsreihen stammt obiger Ausschnitt?

c) Zeichnen Sie diesen Zerfallsreihenausschnitt in ein Diagramm, bei dem auf der Rechtsachse die Neutronenzahl N und auf der Hochachse die Ladungszahl Z aufgetragen ist.

Radioaktivität

Aufgabe 4.4 Die Einheit der Aktivität ist $1\,\text{Bq} = 1\,\text{s}^{-1}$. Daneben wird auch heute noch die aus der Anfangszeit der Kernphysik stammende Einheit 1 Curie verwendet.
1 Curie ist die Aktivität von 1,0 g Radium-226. Dieses Isotop hat die Halbwertszeit $1{,}6 \cdot 10^3\,\text{a}$.

a) Berechnen Sie die Aktivität in Bq, die 1 Curie entsprechen.

b) Durch die 1945 über Hiroshima abgeworfene Atombombe wurden etwa 10 Millionen Curie freigesetzt, bei der Reaktorkatastrophe 1986 in Tschernobyl waren es mehr als $10^{18}\,\text{Bq}$.
Bei welchem Ereignis war die freigesetzte Aktivität höher?

Aufgabe 4.5 Radon-220 ist ein Edelgas, das unter Aussendung von α-Strahlen zerfällt. Bringt man das Gas in eine Ionisationskammer, so wird die Luft in ihr ionisiert. Man misst den Ionisationsstroms I in Abhängigkeit von der Zeit t:

t in s	0	30	60	90	120
I in pA	64	44	30	21	14

a) Zeichnen Sie ein t-I-Diagramm.
Entnehmen Sie dem Diagramm die Halbwertszeit von Radon-220.

b) Berechnen Sie für die angegebenen Zeitpunkte die Werte $\ln \frac{I}{I_0}$, wobei I_0 die Stromstärke zur Zeit $t = 0$ ist. Tragen Sie diese Werte als Funktion der Zeit t in einem t-$\ln \frac{I}{I_0}$-Diagramm auf.

c) Der in Teilaufgabe b gezeichnete Graph stellt eine Gerade durch den Ursprung des Koordinatensystems dar.
Berechnen Sie die Steigung dieser Geraden im t-$\ln \frac{I}{I_0}$-Diagramm und leiten Sie daraus eine Gleichung für den zeitlichen Verlauf des Ionisationsstroms I her.

Lösungshinweis:
Stellen Sie die Gleichung der Geraden auf. Sie hat die Variablen t und $\ln \frac{I}{I_0}$. Lösen Sie die Gleichung nach I auf.

d) Wie lässt sich aus dem t-$\ln \frac{I}{I_0}$-Diagramm die Halbwertszeit von Radon-220 ermitteln?

e) Der Folgekern des α-Zerfalls von Radon-220 ist selbst wieder ein α-Strahler mit der Halbwertszeit 0,16 s. Der Folgekern dieses Zerfalls ist dann ein β-Strahler mit der Halbwertszeit 10,6 h.
Geben Sie die drei Zerfallsreaktionen an.
Erklären Sie, warum bei dem Experiment tatsächlich die richtige Halbwertszeit 55 s von Radon-220 gemessen wird, obwohl auch Zerfälle der Folgekerne auftreten.

Radioaktivität

f) Bei einem Versuch sind in 2,3 Minuten $7{,}9 \cdot 10^{18}$ Kerne des Isotops Radon-220 zerfallen. Berechnen Sie die Masse des anfangs vorhandenen Radongases.

4.6 Bei einer Absorptionsmessung werden Aluminiumfolien verschiedener Dicke zwischen ein radioaktives β-Präparat und ein GEIGER-MÜLLER-Zählrohr gebracht. Die Halbwertszeit des Präparats ist so hoch, dass die Zerfallsrate während der Dauer des Versuchs als konstant betrachtet werden kann. Man misst die Impulsrate Z in Abhängigkeit von der Foliendicke d:

d in mm	0	0,20	0,40	0,60	0,80
Z in s^{-1}	540	340	215	136	86

a) Zeichnen Sie ein d-Z-Diagramm.
   Entnehmen Sie dem Diagramm diejenige Foliendicke D, für die die Zählrate halb so groß ist wie die Zählrate Z_0 ohne Aluminiumfolie. Sie wird als **Halbwertsdicke** von Aluminium bezeichnet.

b) Berechnen Sie die Werte $\ln \frac{Z}{Z_0}$ für die angegebenen Foliendicken. Tragen Sie diese Werte als Funktion der Foliendicke d in einem d-$\ln \frac{Z}{Z_0}$-Diagramm auf.

c) Der in Teilaufgabe b gezeichnete Graph stellt eine Gerade durch den Ursprung des Koordinatensystems dar. Die Steigung μ dieser Geraden wird als **Schwächungskoeffizient** bezeichnet.
   Leiten Sie aus der Geradengleichung eine Gleichung für die Abhängigkeit der Zählrate Z von der Foliendicke d her.

d) Berechnen Sie die Dicke der Aluminiumfolie, bei der die Zählrate nur noch 15 s^{-1} beträgt.

4.7 Polonium-210 ist ein α-Strahler mit einer Halbwertszeit von 138 Tagen.

a) Zu welchem Zeitpunkt t_1 hat ein Präparat noch 40 % der zur Zeit $t = 0$ vorhandenen Polonium-210-Kerne?

b) Zu welchem Zeitpunkt t_2 sind 85 % der zur Zeit $t = 0$ vorhandenen Polonium-210-Kerne zerfallen?

c) Ein Polonium-210-Präparat wird so nahe an ein Zählrohr gebracht, dass es die Hälfte der vom Präparat ausgesandten Strahlung registriert. Man misst 420 Impulse pro Minute. Ohne Präparat wird ein Nulleffekt von 30 Impulsen pro Minute gemessen.
   Berechnen Sie die Anzahl der Polonium-210-Kerne und die Masse des Präparats.

Radioaktivität

Aufgabe 4.8 Radon-222 hat eine Halbwertszeit von 3,8 Tagen. Uran-238 hat eine Halbwertszeit von 4,5 Milliarden Jahren.

a) Zur Zeit $t = 0$ liegen 1,00 mg Radon-222 vor.
Welche Aktivität misst man zur Zeit $t = 0$ und welche 24 Stunden später?
Berechnen Sie die Anzahl der Atome, die in 24 Stunden zerfallen sind.

b) Zur Zeit $t = 0$ liegen 1,00 mg Uran-238 vor.
Welche Aktivität misst man zur Zeit $t = 0$ und welche 24 Stunden später?
Berechnen Sie die Anzahl der Atome, die in 24 Stunden zerfallen sind.

Aufgabe 4.9 Uran-238 hat die Halbwertszeit $4,5 \cdot 10^9$ Jahre.
Uran-235 hat die Halbwertszeit $7,0 \cdot 10^8$ Jahre.
Im natürlichen Uran beträgt das Verhältnis der Anzahl der Atome des Isotops U 238 zur Anzahl der Atome des Isotops U 235 etwa $138:1$. Bei Entstehung der Erde betrug dieses Verhältnis etwa $32:10$.
Berechnen Sie das Alter der Erde.

Aufgabe 4.10 In einer Gesteinsprobe findet man das Ausgangsnuklid Uran-238 und das stabile Endnuklid Blei-206 der Uran-Radium-Reihe.
Die Halbwertszeit von U 238 beträgt 4,5 Milliarden Jahre. Die Halbwertszeiten aller radioaktiven Folgenuklide sind wesentlich kürzer. Man kann also annehmen, dass nach 4,5 Milliarden Jahren die Hälfte der U-238-Atome in Pb-206-Atome umgewandelt worden sind, während die Zahl der Atome der zwischendurch aufgetretenen radioaktiven Folgenuklide zu vernachlässigen ist.

a) Berechnen Sie die „Zerfallskonstante" für den scheinbar direkten Übergang von U 238 zu Pb 206 in a^{-1}.

b) Berechnen Sie das Verhältnis der Massen der Isotope U 238 und Pb 206 in dem Gestein, das bei seiner Entstehung vor 2,3 Milliarden Jahren noch kein Pb 206 enthalten hat.

Aufgabe 4.11 In einer Ionisationskammer befindet sich ein Polonium-210-Präparat mit der während der Dauer des Versuchs konstanten Aktivität $3,7 \cdot 10^4$ Bq. Es emittiert α-Teilchen mit der kinetischen Energie 5,3 MeV.
Längs der Flugstrecke ionisieren die α-Teilchen Füllgasmoleküle. Zur Erzeugung eines Ion-Elektron-Paares ist die Energie 35 eV erforderlich. Ein α-Teilchen legt zwischen zwei Ionisationsstößen im Mittel einen 0,30 µm langen Weg zurück.

a) Wie weit fliegt ein α-Teilchen, wenn es seine gesamte kinetische Energie zur Bildung von Ion-Elektron-Paaren verwendet?
Wie viele Ionisationsstöße führt es dabei aus?

b) Berechnen Sie die positive Ladung, die bei diesen Ionisationsstößen von einem α-Teilchen erzeugt wird.

c) Berechnen Sie die positive Ladung, die pro Sekunde insgesamt erzeugt wird.

Hinweis:
Die Flugzeit eines α-Teilchens ist so kurz, dass sie im Vergleich mit der Beobachtungszeit vernachlässigt werden kann.

4.12 Ergänzen Sie die Reaktionsgleichungen der nachfolgenden Kernreaktionen.

a) $^{27}_{?}\text{Al}\,(\alpha;\,p)\,^{?}_{?}?$
b) $^{201}_{?}\text{Hg}\,(n;\,?)\,^{201}_{?}\text{Au}$
c) $^{?}_{?}?\,(n;\,\gamma)\,^{2}_{1}\text{H}$
d) $^{16}_{8}\text{O}\,(\gamma;\,?)\,^{12}_{6}?$

4.13 Stickstoff-13 wandelt sich durch β⁺-Zerfall in ein stabiles Isotop um. Geben Sie die Zerfallsgleichung an.

4.14 Ein Gemisch aus Radium-226 und Beryllium-9 lässt sich als Neutronen-quelle verwenden: Ein Ra-226-Kern emittiert ein α-Teilchen mit der Masse $6{,}6\cdot 10^{-27}$ kg und der kinetischen Energie 7,7 MeV. Dieses trifft auf einen Be-9-Kern und verursacht eine (α; n)-Kernreaktion, bei der die Reaktionsenergie 5,7 MeV frei wird. Die gesamte Energie wird auf das entstehende Neutron übertragen.

a) Geben Sie die Zerfallsgleichung von Ra 226 an.

b) Berechnen Sie die Geschwindigkeit des α-Teilchens mit nichtrelativistischer Näherung.

c) Berechnen Sie die Geschwindigkeit des Neutrons mit relativistischer Rechnung. (Die Ruhenergie des Neutrons beträgt 940 MeV.)

d) Die Neutronenquelle ist von einem Paraffinmantel umgeben, der schnelle Neutronen abbremst. Paraffin enthält viel Wasserstoff. Ein schnelles Neutron verliert durch einen Stoß mit einem Wasserstoffkern 64 % seiner Energie.
Berechnen Sie die Geschwindigkeit v_n, mit der es nach 20 Stößen den Paraffinmantel verlässt.

Hinweis:
Da die Geschwindigkeit schon nach dem ersten Stoß auf $0{,}1\cdot c$ absinkt, kann nichtrelativistisch gerechnet werden.

e) Das langsame, mit v_n bewegte Neutron lässt sich mit einem Zählrohr nachweisen, dessen Füllgas Bor-10 enthält. Bei einer (n; α)-Kernreaktion entsteht ein α-Teilchen, das einen Zählimpuls auslöst.
Geben Sie die Gleichung der Kernreaktion an.

Radioaktivität

Aufgabe 4.15 Holz lebender Bäume enthält neben den stabilen Kohlenstoff-12-Atomen auch eine geringe Anzahl Kohlenstoff-14-Atome. C 14 entsteht durch eine (n; p)-Kernreaktion. Es ist ein β-Strahler mit einer Halbwertszeit von $5{,}73 \cdot 10^3$ Jahren.

a) Geben Sie sowohl die Gleichung der Kernreaktion als auch die Zerfallsgleichung von C 14 an.

b) In einer Probe von 100 g Kohlenstoff aus dem Holz eines frisch gefällten Baumes wird die Aktivität 20,8 Bq gemessen.
Berechnen Sie die Masse der in der Probe enthaltenen C-14-Atome.
Bestimmen Sie das Verhältnis der Anzahl der C-12-Atome zur Anzahl der C-14-Atome.

c) In Frankreich wurde eine Höhle entdeckt, deren Wände von Künstlern der Steinzeit mit Holzkohle bemalt worden sind. In einer Probe, die 1,53 g Kohlenstoff enthält, wird eine Aktivität von 27 Zerfällen pro Stunde gemessen.
Berechnen Sie das Alter der Probe und damit der Gemälde.

Kernenergie

5.1 Massendefekt und Bindungsenergie

Der 2. Weltkrieg endete erst, nachdem die USA die beiden japanischen Städte Hiroshima und Nagasaki durch Atombomben völlig zerstört hatten.
Tief erschreckt nahm die Welt zur Kenntnis, welche ungeheure Energie in den winzig kleinen Atomkernen schlummert.

Konventionelle Energiequellen nutzen die Energien, die in der Elektronenhülle des Atoms auftreten. Wir sollten deshalb nicht von „Atomenergie" sprechen, wenn wir die millionfach höhere *Kernenergie*, die Bindungsenergie der Atomkerne, meinen.
Diese Bindungsenergie hängt mit einer erstaunlichen Tatsache zusammen:

> Die Masse m eines Kerns ist geringer als die Summe der Massen der Z Protonen und N Neutronen, aus denen er sich zusammensetzt.
> Die Differenz wird als **Massendefekt** Δm bezeichnet:
>
> $\Delta m = (Z \cdot m_p + N \cdot m_n) - m$

Definition

Dabei ist $m_p = 1{,}673 \cdot 10^{-27}$ kg die Masse eines Protons und
$m_n = 1{,}675 \cdot 10^{-27}$ kg die Masse eines Neutrons.

Wegen der Äquivalenz von Masse und Energie kann man sagen:

> Die Ruhenergie eines Kerns ist geringer als die Summe der Ruhenergien seiner Nukleonen. Die Differenz wird als **Bindungsenergie** E_B des Kerns bezeichnet und es gilt:
>
> $E_B = \Delta m \cdot c^2$

Definition

Kernmassen werden oft als Vielfache der atomaren Masseneinheit u angegeben. Die ihr entsprechende Ruhenergie ist $(1\,\text{u}) \cdot c^2 = 931{,}49$ MeV.

Kernenergie

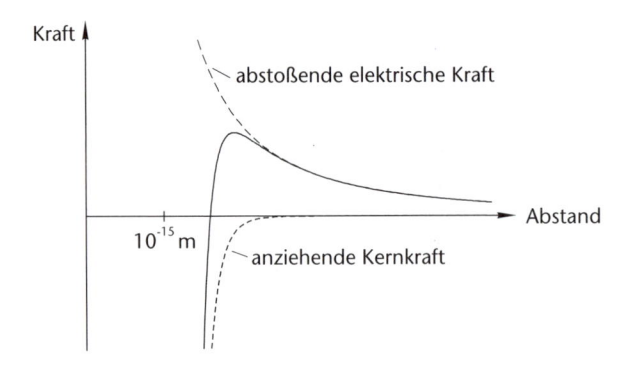

[Diagramm: Kraft in Abhängigkeit vom Abstand; abstoßende elektrische Kraft und anziehende Kernkraft; Maßstab 10^{-15} m]

Zwischen Nukleonen wirken anziehende **Kernkräfte**. Sie sind auf sehr kurze Entfernung wesentlich stärker als die elektrischen Abstoßungskräfte zwischen den positiv geladenen Protonen, ihre Reichweite ist allerdings auf den Atomkern beschränkt. (Vergleiche das Diagramm oben.)

Für eine Zerlegung des Kerns in seine einzelnen Nukleonen müsste gegen diese Kernkräfte die Energie E_B aufgewendet werden. Die Anzahl der Nukleonen im Kern ist durch die Massenzahl A gegeben.

> **Definition**
>
> Der Quotient aus Bindungsenergie E_B und Massenzahl A wird als **Bindungsenergie pro Nukleon** $\frac{E_B}{A}$ bezeichnet.
>
> Je größer sie bei einem Kern ist, desto stärker ist ein Nukleon durch die Kernkraft an den Atomkern gebunden.

Wir können die Stärke dieser Bindung bei Kernen unterschiedlicher Massenzahl A in einem Diagramm vergleichen, das die Bindungsenergie pro Nukleon in Abhängigkeit von A zeigt.

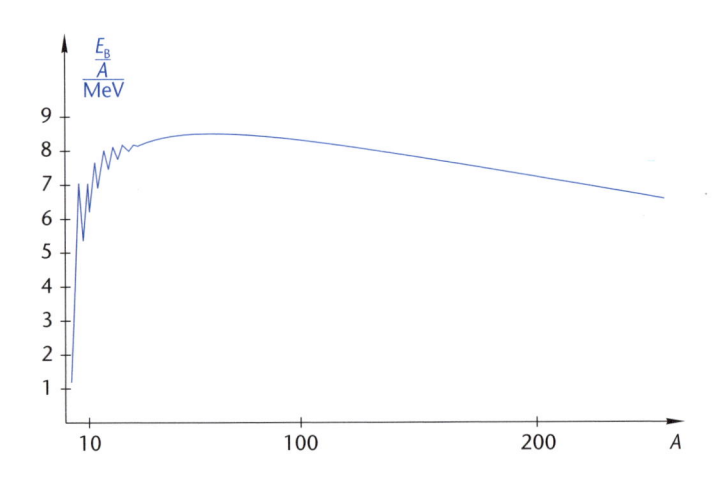

[Diagramm: $\frac{E_B}{A}$ in MeV in Abhängigkeit von der Massenzahl A; Werte von 1 bis 9 MeV auf der y-Achse, Werte 10, 100, 200 auf der A-Achse]

Kernenergie

Beim Energieniveauschema des Wasserstoffatoms hatten wir dem vollständig vom Atomkern getrennten *Elektron* die Energie null zugeordnet. Wählen wir in Analogie dazu für die Summe der Ruheenergien der einzelnen, voneinander getrennten *Nukleonen* eines Kerns ebenfalls das Energieniveau null, so nimmt die tatsächliche Ruheenergie dieses Kerns, da sie geringer ist, einen negativen Wert an.

Bei einem Übergang von Kernen mit geringerer zu Kernen mit größerer Bindungsenergie pro Nukleon werden also niedrigere Energieniveaus erreicht. Deshalb wird dabei Energie frei.

Hinweis:
In manchen Physikbüchern wird die Bindungsenergie als negativer Wert definiert. Lassen Sie sich also nicht irritieren, wenn Sie deshalb dort ein an der A-Achse nach unten gespiegeltes Diagramm sehen.

Aufgabe 5.1 am Ende des Kapitels

Es gibt zwei Möglichkeiten zur Gewinnung von Kernenergie: die Kernspaltung und die Kernfusion.
In beiden Fällen werden Kerne mit geringerer Bindungsenergie pro Nukleon in Kerne mit größerer Bindungsenergie pro Nukleon umgewandelt.

Das soll in den nächsten Abschnitten genauer betrachtet werden.

5.2 Kernspaltung

1938 machten in Berlin die beiden Chemiker OTTO HAHN und FRITZ STRASSMANN eine Entdeckung, für die sie keine rechte Erklärung fanden. Erst ihre ehemalige Mitarbeiterin LISE MEITNER konnte das Experiment als *Kernspaltung* deuten.

Es gibt einige für die Kernspaltung geeignete Nuklide, die bei Kernreaktionen entstehen. Das einzige in der Natur vorkommende spaltbare Nuklid ist Uran-235.

> Trifft ein Neutron auf einen Uran-235-Kern, so kann dieser in zwei Atomkerne mittlerer Größe zerfallen. Dieser Vorgang wird als **Kernspaltung** bezeichnet.

Definition

Eine typische Spaltungsreaktion ist: $^{1}_{0}n + ^{235}_{92}U \rightarrow ^{141}_{56}Ba + ^{92}_{36}Kr + 3 \cdot ^{1}_{0}n$

Im A-$\frac{E_B}{A}$-Diagramm sehen wir, dass die Bruchstücke mit den Massenzahlen 141 und 92 eine größere Bindungsenergie pro Nukleon haben als der Ausgangskern mit der Massenzahl 235. Somit ist die Summe $E_{B;Ba} + E_{B;Kr}$ der Bindungsenergien der Spaltprodukte größer als die Bindungsenergie $E_{B;U}$ des Ausgangskerns. Es wird also die Energie $\Delta E = (E_{B;Ba} + E_{B;Kr}) - E_{B;U}$ frei.

> Bei der Kernspaltung wird Bindungsenergie der Atomkerne frei.

Der U-235-Kern zerfällt in der Regel in einen größeren Kern mit einer Massenzahl von etwa 140 und in einen kleineren mit etwa 95. Immer aber werden dabei zwei oder, wie bei obiger Reaktion, drei Neutronen emittiert. Das die Spaltung auslösende Neutron wird also nicht nur ersetzt, es werden sogar zusätzliche Neutronen erzeugt.

> Wird ein Uran-235-Kern durch ein Neutron gespalten, so werden mehrere Neutronen freigesetzt, die selbst wieder Kernspaltungen auslösen können. So kann es zu einer **Kettenreaktion** kommen.

Wenn zu einem bestimmten Zeitpunkt zum Beispiel gerade 100 Neutronen zu einer Kernspaltung führen, so entstehen dabei im Mittel 256 neue Neutronen. Sollten von ihnen 140 aus dem Uran entweichen oder durch nicht spaltbare Kerne eingefangen werden, so können nur die restlichen 116 Neutronen wieder neue Spaltungen herbeiführen. Die Kettenreaktion hat dann den **Vermehrungsfaktor** $k = 1,16$.

Für $k > 1$ steigt die Anzahl der Neutronen und der Kernspaltungen sehr rasch an. Das gesamte Uran wird explosionsartig unter Abgabe ungeheurer Energiemengen gespalten. Das geschieht in der Atombombe.

Für $k = 1$ bleibt die Anzahl der Neutronen und der Kernspaltungen konstant. Eine derart gesteuerte Kettenreaktion liefert kontinuierlich Energie. Sie findet im Kernreaktor statt.

Für $k < 1$ nimmt die Anzahl der Neutronen und der Kernspaltungen rasch ab, die Kettenreaktion kommt zum Stillstand.
Dies lässt sich in Natururan praktisch nicht vermeiden, denn in ihm ist U 235 nur mit einem Anteil von 0,72 % enthalten. Natürliches Uran muss erst durch sehr aufwendige technische Verfahren „angereichert" werden: für Reaktoren auf einen U-235-Anteil von etwa 3 %, für Kernwaffen sogar auf 90 %.

Bei der Spaltung werden schnelle Neutronen erzeugt. Ihre Geschwindigkeit beträgt etwa 30 000 km s^{-1}. Die Begegnung eines Neutrons mit einem U-235-Kern führt jedoch erst dann mit einiger Wahrscheinlichkeit zu einer Spaltung, wenn die Geschwindigkeit des Neutrons nur noch etwa 3 km s^{-1} beträgt.
Aus diesem Grund wird das Uran in einen **Moderator** eingebettet. Er besteht aus einem Material, das leichte Kerne wie Wasserstoff oder Kohlenstoff enthält. Die Neutronen verlieren durch Stöße mit den Kernen des Moderators so lange Energie, bis sie genügend abgebremst sind. Diese langsamen Neutronen nennt man „thermische Neutronen".

Kernenergie

Die zwei bei der Spaltungsreaktion entstehenden Atomkerne mittlerer Größe sind immer radioaktiv. In der Regel wandeln sie sich erst nach mehreren β-Zerfällen in stabile Kerne um.

Auch die Emission eines Neutrons nach vorhergehendem β-Zerfall ist möglich. Es wird als „verzögertes Neutron" bezeichnet im Gegensatz zu den „prompten Neutronen", die unmittelbar bei der Spaltungsreaktion entstehen.

Aufgaben 5.2; 5.3 am Ende des Kapitels

5.3 Kernkraftwerke

Das Grundprinzip des Kernkraftwerks soll am Beispiel eines Druckwasserreaktors erläutert werden.

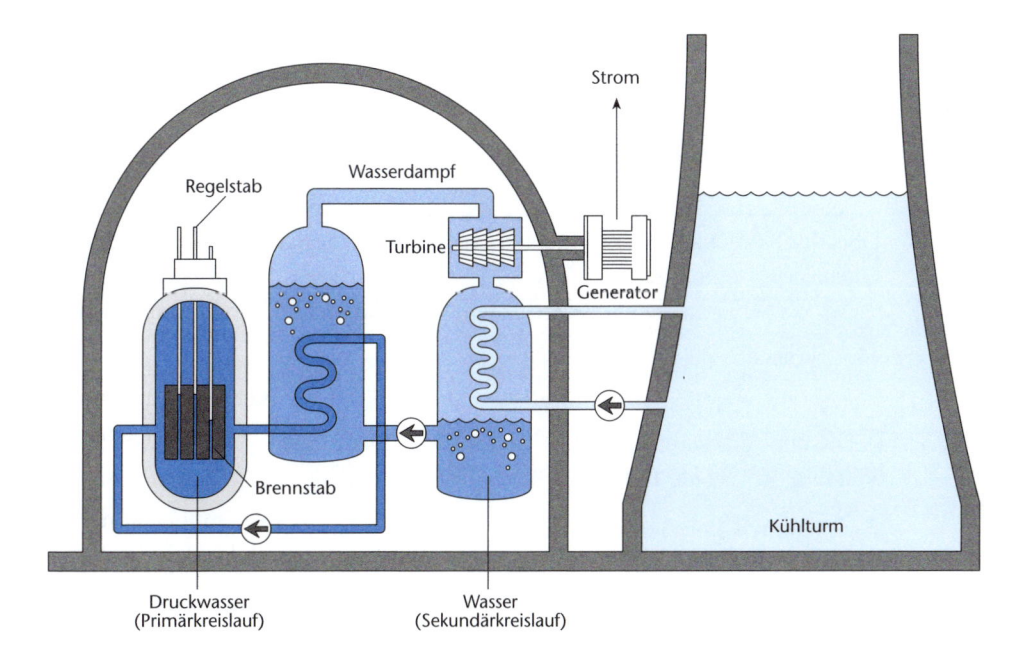

Der Reaktorkern enthält Brennstäbe aus angereichertem Uran. Zwischen ihnen befinden sich Regelstäbe aus Materialien, die Neutronen sehr wirksam absorbieren können. Sie werden so ein- oder ausgefahren, dass der Vermehrungsfaktor $k = 1$ erhalten bleibt. Diese Regelung wird dadurch erleichtert, dass bei einer Zunahme der Häufigkeit der Spaltreaktionen nur die Anzahl der „prompten Neutronen" sofort ansteigt, nicht aber die der „verzögerten". Es bleibt so ausreichend Zeit zum Gegensteuern.

Als Moderator dient Wasser unter so hohem Druck, dass es auch bei den hohen Temperaturen im Reaktorkern noch flüssig bleibt. Das Druckwasser des Primärkreislaufs gibt Wärmeenergie an das Wasser im Sekundärkreislauf ab. Erst dort entsteht Wasserdampf. Er treibt Turbinen an, die in Generatoren Strom erzeugen.

Ein Reaktor kann auch bei einem völligen Versagen der Notkühlung und aller Regelstäbe nicht explodieren wie eine Atombombe. Das Wasser im Reaktor würde nämlich verdampfen und die Kettenreaktion würde abbrechen, weil kein Moderator mehr vorhanden wäre.

Allerdings würde die Radioaktivität der Spaltprodukte in den Brennstäben weiter Wärmeenergie erzeugen und der Reaktorkern würde schmelzen. Das passierte 1986 in Tschernobyl.

Aber auch bei unfallfreiem Betrieb birgt die Kerntechnologie Risiken. Die Radioaktivität der Spaltprodukte ist erst nach einigen 100 000 Jahren abgeklungen. Über die Eignung von Lagerstätten, an denen Brennstäbe endgültig aufbewahrt werden können, wird in der Öffentlichkeit heftig diskutiert. Besonders das extrem giftige Spaltprodukt Plutonium gibt dabei Anlass zur Sorge.

5.4 Kernfusion

Eine andere Möglichkeit zur Gewinnung von Kernenergie ist die Kernfusion.

> Bei der **Kernfusion** verschmelzen zwei Atomkerne und bilden dadurch einen schwereren Kern.

Eine typische Fusionsreaktion ist: $^2_1H + ^3_1H \rightarrow ^4_2He + ^1_0n$

„Schwerer Wasserstoff" ^2_1H wird auch als **Deuterium** ^2_1D, „überschwerer Wasserstoff" ^3_1H als **Tritium** ^3_1T bezeichnet.

Der Helium-4-Kern ist das α-Teilchen. Er hat eine wesentlich höhere Bindungsenergie pro Nukleon als ein Deuterium- oder Tritiumkern. Somit ist seine Bindungsenergie $E_{B;He}$ größer als die Summe $E_{B;D} + E_{B;T}$ der Bindungsenergien der beiden Ausgangskerne. Es wird also die Energie $\Delta E = E_{B;He} - (E_{B;D} + E_{B;T})$ frei.

> Bei der Kernfusion wird Bindungsenergie der Atomkerne frei.

Während bei der Kernspaltung pro Nukleon eine Energie von etwa 1 MeV produziert wird, sind es bei der Kernfusion rund 3,5 MeV.

Bei der Kernfusion hat es die Menschheit bisher nur bis zur Wasserstoffbombe gebracht. Einen zur Energieerzeugung tauglichen Reaktor gibt es noch nicht. Das Problem liegt darin, dass der Deuterium- und der Tritiumkern positiv geladen sind und sich abstoßen. Sie müssen also mit so hoher Geschwindigkeit aufeinander zu fliegen, dass sie in den Wirkungsbereich ihrer kurzreichweitigen, anziehenden Kernkräfte gelangen können. (Vergleiche das Diagramm auf Seite 72 oben.)

Das geschieht bei Temperaturen von etwa 100 Millionen Kelvin. Dann besteht die Materie aus einem Gas positiver Ionen und negativer Elektronen. Es wird **Plasma** genannt.

Das noch ungelöste Problem bei der Erzeugung einer kontrollierten Kernfusion ist, ein Plasma mit genügend hoher Dichte über einen hinreichend langen Zeitraum im Reaktor einzuschließen.

Die Sonne tut sich da leicht. In ihrem Innern ist der Druck so gewaltig, dass Wasserstoffkerne bereits bei „nur" 15 Millionen Kelvin zu Heliumkernen verschmelzen. Seit fast fünf Milliarden Jahren erzeugt die Sonne so viel Fusionsenergie, dass sich ihre Masse durch Energieabstrahlung pro Sekunde um über vier Millionen Tonnen verringert.

Aufgaben 5.4; 5.5 am Ende des Kapitels

Uns kann es recht sein. Fast alle Energiequellen der Erde werden letzlich davon gespeist. Nur die durch Reibung im Erdinnern, radioaktiven Zerfall oder Kernspaltung erzeugte Energie bildet da eine Ausnahme.

5.5 Übungsaufgaben zu Kapitel 5

5.1 Die Massen des Protons, des Neutrons sowie der Isotopenkerne Helium-4, Nickel-60 und Uran-235 wurden als Vielfache der atomaren Masseneinheit u − 1,6605 · 10⁻²⁷ kg bestimmt:

Proton: 1,007276 u ; Neutron: 1,008665 u
Helium-4: 4,001507 u ; Nickel-60: 59,915422 u ; Uran-235: 234,99410 u

a) Berechnen Sie die Massendefekte der Kerne He 4, Ni 60 und U 235.

b) Berechnen Sie für die Kerne He 4, Ni 60 und U 235 die Bindungsenergie pro Nukleon in MeV.

c) Tragen Sie die berechneten Werte der Bindungsenergie pro Nukleon $\frac{E_B}{A}$ in Abhängigkeit von der Massenzahl A in ein Diagramm ein.

Skizzieren Sie das Diagramm unter Verwendung der $\frac{E_B}{A}$-Werte folgender Kerne:

H 2: 1,11 MeV Li 6: 5,33 MeV C 12: 7,68 MeV N 14: 7,48 MeV
O 16: 7,96 MeV Cs 137: 8,39 MeV Pb 208: 7,87 MeV

5.2 1938 entdeckten Otto Hahn und Fritz Strassmann, dass beim Beschuss von Uran-235-Kernen mit langsamen Neutronen Barium entsteht. Lise Meitner erkannte, dass der Urankern in zwei mittelgroße, instabile Kerne gespalten wird.

Viele Spaltungsreaktionen sind möglich. Einer der beiden Spaltkerne kann ein Iod-140-Kern sein. Bei dieser Reaktion entstehen zwei Neutronen.

a) Stellen Sie die Reaktionsgleichung dieses Spaltprozesses auf.

b) Ein Iod-140-Kern zerfällt mit sehr kurzer Halbwertszeit in einen Xenon-140-Kern, der ein „verzögertes Neutron" emittiert. Der Folgekern wandelt sich durch zwei β-Zerfälle in einen Bariumkern mit großer Halbwertszeit um.
Stellen Sie die Reaktionsgleichungen der Folgezerfälle von Iod-140 bis zum Barium auf.

Aufgabe 5.3 Beim Beschuss von Uran-235 mit langsamen Neutronen kann es zu folgender Spaltungsreaktion kommen:

$${}^{235}_{92}U + {}^{1}_{0}n \rightarrow {}^{140}_{55}Cs + {}^{94}_{37}Rb + 2 \cdot {}^{1}_{0}n$$

Die Bindungsenergien pro Nukleon der Reaktionsteilnehmer sind:

Uran-235: 7,59 MeV   Caesium-140: 8,38 MeV   Rubidium-94: 8,61 MeV

a) Berechnen Sie die Bindungsenergien der Reaktionsteilnehmer sowie die bei dieser Reaktion frei werdende Energie ΔE in MeV.

b) Berechnen Sie die Energie in J, die frei wird, wenn alle Kerne in 1,00 g Uran-235 durch diese Reaktion gespalten werden.
Welcher Bruchteil der ursprünglich vorhandenen Masse ist dabei in Energie umgewandelt worden?

c) Ein Kernreaktor liefert die Leistung 2,5 GW ins Netz, was 33 % der durch Kernspaltung erzeugten Leistung entspricht.
Berechnen Sie die Masse der Urankerne, die pro Minute gespalten werden.

Aufgabe 5.4 Beim Beschuss von Tritium mit Deuterium kann es zu einer Fusionsreaktion kommen:

$${}^{2}_{1}D + {}^{3}_{1}T \rightarrow {}^{4}_{2}He + {}^{1}_{0}n$$

Gegeben sind folgende Nuklidmassen:

Proton: 1,007276 u   Neutron: 1,008665 u
Deuterium: 2,013554 u   Tritium: 3,015501 u   Helium-4: 4,001507 u

a) Berechnen Sie für die Kerne D 2, T 3 und He 4 die Bindungsenergie und die Bindungsenergie pro Nukleon.

b) Berechnen Sie die bei einer Reaktion frei werdende Energie ΔE in MeV.

c) Berechnen Sie die Energie in J, die bei der Fusion von 1,00 g Helium-4 frei wird.
Welcher Bruchteil der ursprünglich vorhandenen Masse der beiden Ausgangskerne wird bei der Fusion in Energie umgewandelt?

Kernenergie

5.5 Aufgabe

Die Sonne strahlt ihre Energie in alle Richtungen in den Weltraum ab. In der Entfernung $r = 1{,}50 \cdot 10^{11}$ m, in der sich die Erde von der Sonne befindet, trifft pro Sekunde auf eine $1{,}00$ m² große Fläche die Energie $1{,}36$ kJ. Die Sonne gewinnt die von ihr abgestrahlte Energie durch eine in mehreren Stufen ablaufende Fusionsreaktion, die sich durch folgende Reaktionsgleichung zusammenfassen lässt:

$$4 \cdot {}^{1}_{1}\text{H} \rightarrow {}^{4}_{2}\text{He} + 2 \cdot {}^{0}_{1}\beta^{+}$$

Die Massen der Reaktionspartner sind:

H 1: $1{,}67262 \cdot 10^{-27}$ kg   He 4: $6{,}64420 \cdot 10^{-27}$ kg β^{+}: $9{,}1094 \cdot 10^{-31}$ kg

a) Berechnen Sie die bei einer Reaktion frei werdende Energie ΔE.

b) Berechnen Sie die Energie, die von der Sonne pro Sekunde in den Weltraum abgestrahlt wird.

c) Wie viele Fusionsreaktionen finden pro Sekunde in der Sonne statt? Berechnen Sie die Masse, die die Sonne pro Sekunde durch die Energieabstrahlung verliert.

d) Die Gesamtmasse der Sonne beträgt $1{,}98 \cdot 10^{30}$ kg. Der Wasserstoff hat daran einen Anteil von 75 %.
Wie lange wird die Sonne noch Energie abstrahlen, wenn man annimmt, dass die Strahlungsleistung konstant bleibt?

Naturkonstanten

Atomare Masseneinheit	u	$1{,}6605 \cdot 10^{-27}$ kg
	$(1\,u) \cdot c^2$	$931{,}49$ MeV
Elektrische Feldkonstante	ε_0	$8{,}85 \cdot 10^{-12}$ A s V^{-1} m^{-1}
Elektron:		
$\quad$ COMPTON-Wellenlänge	λ_C	$2{,}43 \cdot 10^{-12}$ m
$\quad$ Ruhenergie	E_0	$0{,}511$ MeV
$\quad$ Ruhmasse	m_0	$9{,}11 \cdot 10^{-31}$ kg
$\quad$ spezifische Ladung	$\dfrac{e}{m_0}$	$1{,}76 \cdot 10^{11}$ C kg^{-1}
Elementarladung	e	$1{,}60 \cdot 10^{-19}$ C
Fallbeschleunigung	g	$9{,}81$ m s^{-2}
Lichtgeschwindigkeit im Vakuum	c	$3{,}00 \cdot 10^{8}$ m s^{-1}
PLANCKsches Wirkungsquantum	h	$6{,}63 \cdot 10^{-34}$ J s
Wasserstoffatom:		
$\quad$ Ionisierungsenergie	E_{ion}	$13{,}6$ eV
$\quad$ RYDBERG-Konstante	R	$1{,}10 \cdot 10^{7}$ m^{-1}

Energieumrechnungen:

$$1\text{ eV} = 1{,}602 \cdot 10^{-19}\text{ J} \quad \Leftrightarrow \quad 1\text{ J} = 6{,}242 \cdot 10^{18}\text{ eV}$$

Lösungen

Vorbemerkung

Eine physikalische Größe ist stets das Produkt aus Maßzahl und Einheit. Die Maßzahl ist das Resultat einer Messung und damit nur bis zu einer bestimmten Messgenauigkeit bekannt. Diese wird durch die Anzahl der „geltenden Ziffern" ausgedrückt.

Ein Beispiel zur Erläuterung: Wenn Sie den Durchmesser eines Balles mit einem Maßband mit Zentimetereinteilung messen, so ist das Ergebnis vielleicht 23 cm. Das Ergebnis kann auch anders geschrieben werden: 23 cm = 0,23 m = 0,00023 km = $2,3 \cdot 10^2$ mm. Es hat in jedem Fall 2 „geltende Ziffern". Führende Nullen werden nicht mitgezählt, denn sie verschieben nur die Kommastelle.

Die Angabe 23,0 cm = 0,230 m = 0,000230 km = 230 mm würde dagegen für eine auf Millimeter genau gemessene Größe stehen. Hier liegen 3 „geltende Ziffern" vor.

Wenn Sie nun den Umfang u des Balles aus dem Durchmesser d mit der Formel $u = \pi \cdot d$ berechnen, so liefert Ihr Taschenrechner das Ergebnis $23 \cdot \pi = 72{,}25663103$.

Der Wert 72,25663103 cm hat 10 „geltende Ziffern" und ist nun plötzlich auf $\frac{1}{100\,000\,000}$ cm genau. Aus einem auf einen Zentimeter genau gemessenen Durchmesser erhält man also scheinbar einen auf einen Atomdurchmesser genauen Umfang. Solche Absurditäten vermeiden wir durch folgende Regeln:

> Die Anzahl der „geltenden Ziffern" im Ergebnis einer Multiplikation oder Division ist gleich der kleinsten Anzahl „geltender Ziffern" der dabei verrechneten Maßzahlen.
>
> Bei einer Addition oder Subtraktion zweier Maßzahlen hat das Ergebnis *nach dem Komma* bis zu der Dezimalstelle „gültige Ziffern", an der *beide* Maßzahlen noch eine gültige Ziffer hatten.

Regel

Den Umfang unseres Balles berechnen wir also je nach vorgegebener Genauigkeit zu:

$$u = \pi \cdot d = \pi \cdot 23 \text{ cm} = 72 \text{ cm}$$

oder zu: $u = \pi \cdot d = \pi \cdot 23{,}0 \text{ cm} = 72{,}3 \text{ cm}$

Ergebnisse

Kapitel 1

1.1a	1,00 ms; 0,943 ms
1.1b	1,00 µs; 0,943 µs
1.1c	100 km; 94,3 km
1.1d	100 m; 94,3 m
1.2a	nein
1.2b	76,0 µs; ja
1.2c	400 m; ja
1.3a	$2,5 \cdot 10^{-30}$ kg
1.4a	$9,1549 \cdot 10^{-31}$ kg; 0,0050
1.4b	2,56 kV
1.6a	$2,15 \cdot 10^{-27}$ kg; $3,82 \cdot 10^{-27}$ kg
1.6b	$1,50 \cdot 10^{-10}$ J; $1,94 \cdot 10^{-10}$ J; $3,44 \cdot 10^{-10}$ J
1.6c	ruhend: $9,58 \cdot 10^{7}$ C kg^{-1}; $4,18 \cdot 10^{7}$ C kg^{-1}
1.6d	$4,5 \cdot 10^{9}$ V
1.7	$2,69 \cdot 10^{8}$ m s^{-1}
1.8	$2,9 \cdot 10^{8}$ m s^{-1}; 1,6 MeV

Kapitel 2

2.1b	$6,64 \cdot 10^{-34}$ J s
2.1c	1,94 eV; $4,68 \cdot 10^{14}$ Hz
2.2b	$3,10 \cdot 10^{-19}$ J
2.2c	0 bis 0,550 V
2.2d	$4,40 \cdot 10^{5}$ m s^{-1}
2.3b	$4,96 \cdot 10^{5}$ m s^{-1}
2.3c	0,70 V
2.4a	$3,68 \cdot 10^{-19}$ J
2.4b	$0,57 \cdot 10^{-19}$ J
2.4c	$4,89 \cdot 10^{16}$
2.4d	$1,44 \cdot 10^{10}$; $3,40 \cdot 10^{6}$
2.5a	He-Ne-Laser
2.5b	$4,1 \cdot 10^{-10}$ A
2.6a	0,29 V
2.6b	0,36 nA; 0,29 V
2.6c	0,090 nA; 2,2 V
2.7a	$3,47 \cdot 10^{18}$ Hz; $2,56 \cdot 10^{-32}$ kg
2.7b	$6,28 \cdot 10^{-30}$ J
2.7c	$9,47 \cdot 10^{3}$ Hz; $2,72 \cdot 10^{-15}$
2.8	$2,43 \cdot 10^{-12}$ m; 0,512 MeV; $2,73 \cdot 10^{-22}$ N s
2.9	$9,11 \cdot 10^{-24}$ N s; $8,90 \cdot 10^{-24}$ N s; $8,70 \cdot 10^{-24}$ N s
2.10a	69,0 keV; $3,68 \cdot 10^{-23}$ N s
2.10b	56,4 keV; $3,01 \cdot 10^{-23}$ N s
2.10c	12,6 keV
2.10d	$6,07 \cdot 10^{-23}$ N s; $6,54 \cdot 10^{7}$ m s^{-1}
2.10e	22,3°

Lösungen: Ergebnisse

2.11a	1,00 eV; 1,00 keV; 1,00 MeV; 0,511 MeV; 0,512 MeV; 1,511 MeV
2.11b	$5{,}93 \cdot 10^5$ m s^{-1}; $1{,}88 \cdot 10^7$ m s^{-1}; $2{,}82 \cdot 10^8$ m s^{-1}
2.11c	$1{,}23 \cdot 10^{-9}$ m; $3{,}87 \cdot 10^{-11}$ m; $8{,}72 \cdot 10^{-13}$ m
2.12	minimal
2.13a	$3{,}27 \cdot 10^7$ m s^{-1}
2.13b	$2{,}21 \cdot 10^{-11}$ m
2.13c	3,07°; 5,12°
2.13d	$2{,}06 \cdot 10^{-10}$ m; $1{,}24 \cdot 10^{-10}$ m
2.14a	$1{,}0 \cdot 10^{-27}$ N s
2.14b	0,38°
2.14c	4,0 cm
2.15a	$5{,}3 \cdot 10^{-25}$ kg m s^{-1}
2.15b	0,94 eV

Kapitel 3

3.1a	$(3{,}6 \cdot 10^{-26}\ \text{J m}) \cdot \dfrac{1}{r}$
3.1b	$2{,}5 \cdot 10^{-14}$ m
3.1c	kleiner als $\dfrac{1}{5000}$
3.2b	$n = 1$: $5{,}31 \cdot 10^{-11}$ m; $2{,}18 \cdot 10^6$ m s^{-1}; $1{,}53 \cdot 10^{-16}$ s $n = 2$: $2{,}12 \cdot 10^{-10}$ m; $1{,}09 \cdot 10^6$ m s^{-1}; $1{,}22 \cdot 10^{-15}$ s
3.3a	$-13{,}6$ eV; $-3{,}40$ eV; $-1{,}51$ eV; $-0{,}85$ eV
3.3b	0; 10,2 eV; 12,1 eV; 12,8 eV
3.3c	nein
3.3d	ja: $1{,}21 \cdot 10^{-7}$ m; $1{,}02 \cdot 10^{-7}$ m; $6{,}55 \cdot 10^{-7}$ m
3.3e	$9{,}70 \cdot 10^{-8}$ m; $3{,}09 \cdot 10^{15}$ Hz
3.3f	$2{,}06 \cdot 10^{14}$ Hz
3.4	5
3.5a	0,5-mal so groß
3.5b	4-mal so groß
3.6	$1{,}03 \cdot 10^6$ m s^{-1}
3.7a	$2{,}5 \cdot 10^{-7}$ m
3.8a	$3{,}55 \cdot 10^{-11}$ m
3.8b	$6{,}33 \cdot 10^{-11}$ m; $7{,}21 \cdot 10^{-11}$ m
3.8c	$7{,}21 \cdot 10^{-11}$ m
3.8d	Molybdän
3.8e	1,80
3.8f	$5{,}19 \cdot 10^{-10}$ m
3.9a	$E_A = \dfrac{4}{3} \cdot E$

Lösungen: Ergebnisse

Kapitel 4

4.2	92; 143
4.3b	Thorium-Reihe
4.4a	$3{,}7 \cdot 10^{10}$ Bq
4.4b	Tschernobyl
4.5a	55 s
4.5b	0; $-0{,}37$; $-0{,}76$; $-1{,}11$; $-1{,}52$
4.5c	$I = (64 \cdot 10^{-12}\text{ A}) \cdot e^{-(0{,}0127\text{ s}^{-1}) \cdot t}$
4.5f	$3{,}5 \cdot 10^{-6}$ kg
4.6a	0,30 mm
4.6b	0; $-0{,}463$; $-0{,}921$; $-1{,}38$; $-1{,}84$
4.6c	$(540\text{ s}^{-1}) \cdot e^{-(2{,}3 \cdot 10^3\text{ m}^{-1}) \cdot d}$
4.6d	$1{,}6 \cdot 10^{-3}$ m
4.7a	182 d
4.7b	378 d
4.7c	$2{,}24 \cdot 10^8$; $7{,}81 \cdot 10^{-17}$ kg
4.8a	$5{,}72 \cdot 10^{12}\text{ s}^{-1}$; $4{,}77 \cdot 10^{12}\text{ s}^{-1}$; $4{,}5 \cdot 10^{17}$
4.8b	$12{,}4\text{ s}^{-1}$; $12{,}4\text{ s}^{-1}$; $1{,}07 \cdot 10^6$
4.9	$4{,}5 \cdot 10^9$ a
4.10a	$1{,}5 \cdot 10^{-10}\text{ a}^{-1}$
4.10b	2,8
4.11a	4,5 cm
4.11b	$2{,}4 \cdot 10^{-14}$ C
4.11c	$8{,}9 \cdot 10^{-10}$ C
4.14b	$1{,}9 \cdot 10^7\text{ m s}^{-1}$
4.14c	$5{,}1 \cdot 10^7\text{ m s}^{-1}$
4.14d	$1{,}9 \cdot 10^3\text{ m s}^{-1}$
4.15b	$1{,}26 \cdot 10^{-13}$ kg; $9{,}24 \cdot 10^{11}$
4.15c	$3{,}10 \cdot 10^4$ a

Kapitel 5

5.1a	$5{,}0438 \cdot 10^{-29}$ kg; $9{,}3916 \cdot 10^{-28}$ kg; $3{,}1788 \cdot 10^{-27}$ kg
5.1b	7,0735 MeV; 8,7806 MeV; 7,5882 MeV
5.3a	1784 MeV; 1173 MeV; 809 MeV; 198 MeV
5.3b	$8{,}11 \cdot 10^{10}$ J; $9{,}01 \cdot 10^{-4}$
5.3c	$5{,}6 \cdot 10^{-3}$ kg
5.4a	D: 2,2235 MeV; 1,1117 MeV
	T: 8,4812 MeV; 2,8271 MeV
	He: 28,294 MeV; 7,0735 MeV
5.4b	17,589 MeV
5.4c	$4{,}25 \cdot 10^{11}$ J; $3{,}75 \cdot 10^{-3}$
5.5a	$4{,}00 \cdot 10^{-12}$ J
5.5b	$3{,}85 \cdot 10^{26}$ J
5.5c	$9{,}63 \cdot 10^{37}$; $4{,}28 \cdot 10^9$ kg
5.5d	$7{,}32 \cdot 10^9$ a

Ausführliche Lösungen

Kapitel 1 – Relativitätstheorie

Seite 17

1.1a Es gibt 2 Bezugssysteme, die sich relativ zueinander mit der Geschwindigkeit $v = 1{,}00 \cdot 10^8 \text{ m s}^{-1}$ bewegen. Es gilt:

$$\beta = \frac{v}{c} = \frac{1{,}00 \cdot 10^8 \text{ m s}^{-1}}{3{,}00 \cdot 10^8 \text{ m s}^{-1}} = 0{,}333 \quad \Rightarrow \quad \gamma = \frac{1}{\sqrt{1-\beta^2}} = \frac{1}{\sqrt{1-0{,}333^2}} = 1{,}06$$

In dem einen Bezugssystem ruht die Messstrecke, in ihm misst der Streckenposten. Im anderen Bezugssystem ruht das Raumschiff, in ihm misst der Astronaut.

Das Ereignis „Uhr D kommt an Uhr A vorbei" und das Ereignis „Uhr D kommt an Uhr B vorbei" finden in dem Bezugssystem, in dem das Raumschiff ruht, am selben Ort statt. Der Ort ist die Spitze des Raumschiffs mit Uhr D. Der Astronaut misst also die Eigenzeit.

In dem Bezugssystem, in dem die Messstrecke ruht, misst der Streckenposten für die Länge der Messstrecke die Ruhlänge $l_{RS} = 100$ km. Er misst als Zeitintervall zwischen beiden Ereignissen:

$$t_S = \frac{l_{RS}}{v} = \frac{100 \cdot 10^3 \text{ m}}{1{,}00 \cdot 10^8 \text{ m s}^{-1}} = 1{,}00 \cdot 10^{-3} \text{ s} = 1{,}00 \text{ ms}$$

Der Astronaut misst die Eigenzeit t_{0A}:

$$t_S = \gamma \cdot t_{0A} \quad \Rightarrow \quad t_{0A} = \frac{1}{\gamma} \cdot t_S = \frac{1}{1{,}06} \cdot 1{,}00 \cdot 10^{-3} \text{ s} = 0{,}943 \cdot 10^{-3} \text{ s} = 0{,}943 \text{ ms}$$

1.1b Das Ereignis „Uhr D kommt an Uhr A vorbei" und das Ereignis „Uhr C kommt an Uhr A vorbei" finden in dem Bezugssystem, in dem die Messstrecke ruht, am selben Ort statt. Der Ort ist der Anfangspunkt der Messstrecke mit Uhr A. Der Streckenposten misst also die Eigenzeit.

In dem Bezugssystem, in dem das Raumschiff ruht, misst der Astronaut für die Länge des Raumschiffs die Ruhlänge $l_{RA} = 100$ m. Er misst als Zeitintervall zwischen beiden Ereignissen:

$$t_A = \frac{l_{RA}}{v} = \frac{100 \text{ m}}{1{,}00 \cdot 10^8 \text{ m s}^{-1}} = 1{,}00 \cdot 10^{-6} \text{ s} = 1{,}00 \text{ µs}$$

Der Streckenposten misst die Eigenzeit t_{0S}:

$$t_A = \gamma \cdot t_{0S} \quad \Rightarrow \quad t_{0S} = \frac{1}{\gamma} \cdot t_A = \frac{1}{1{,}06} \cdot 1{,}00 \cdot 10^{-6} \text{ s} = 0{,}943 \cdot 10^{-6} \text{ s} = 0{,}943 \text{ µs}$$

1.1c Der Streckenposten misst die Ruhlänge $l_{RS} = 100$ km.

Der Astronaut misst $t_A = \frac{1}{\gamma} \cdot l_{RS} = \frac{1}{1{,}06} \cdot 100 \text{ km} = 94{,}3 \text{ km}$

Ausführliche Lösungen Kapitel 1

(Seite 17)

1.1d Der Astronaut misst die Ruhlänge $l_{RA} = 100$ m.

Der Streckenposten misst $l_S = \frac{1}{\gamma} \cdot l_{RA} = \frac{1}{1{,}06} \cdot 100$ m $= 94{,}3$ m

Seite 18

1.2a Das Myon legt in der Zeit t_0 die Strecke l_0 zurück:
$l_0 = v t_0 = 0{,}9998 \cdot 3{,}00 \cdot 10^8$ m s$^{-1} \cdot 1{,}52 \cdot 10^{-6}$ s $= 456$ m

Das Myon kann in der Zeit t_0 keine 20 km lange Strecke zurücklegen. Ohne Relativitätstheorie lässt sich nicht erklären, warum Myonen bis zur Erdoberfläche gelangen.

1.2b
$$\gamma = \frac{1}{\sqrt{1-\beta^2}} = \frac{1}{\sqrt{1-0{,}9998^2}} = 50{,}0$$
$t = \gamma \cdot t_0 = 50{,}0 \cdot 1{,}52 \cdot 10^{-6}$ s $= 7{,}60 \cdot 10^{-5}$ s $= 76{,}0$ μs

In der Zeit t legt das Myon die Strecke l_1 zurück:
$l_1 = vt = 0{,}9998 \cdot 3{,}00 \cdot 10^8$ m s$^{-1} \cdot 7{,}60 \cdot 10^{-5}$ s $= 2{,}28 \cdot 10^4$ m $= 22{,}8$ km

Das Myon kann in der Zeit t eine Strecke zurücklegen, die länger als 20 km ist. Die Tatsache, dass Myonen bis zur Erdoberfläche gelangen, lässt sich also aus der Sicht eines auf der Erde ruhenden Beobachters mit der Zeitdilatation erklären.

1.2c $l = \frac{1}{\gamma} \cdot l_R = \frac{1}{50} \cdot 20$ km $= 0{,}40$ km

Die Strecke bis zur Erdoberfläche erscheint dem Myon auf 400 m verkürzt. Aus Aufgabe 1.2a wissen wir, dass es in der Zeit t_0 eine Strecke zurücklegen kann, die länger als 400 m ist.
Die Tatsache, dass Myonen bis zur Erdoberfläche gelangen, lässt sich also aus der Sicht eines mit dem Myon mitfliegenden Beobachters mit der Längenkontraktion erklären.

1.3a Die für die Kreisbewegung des Elektrons erforderliche Zentripetalkraft ist die LORENTZ-Kraft des Magnetfelds:

$$\frac{mv^2}{r} = evB \quad \Rightarrow \quad m = \frac{erB}{v} = \frac{1{,}6 \cdot 10^{-19}\,C \cdot 0{,}051\,m \cdot 0{,}085\,T}{0{,}93 \cdot 3{,}0 \cdot 10^8\,m\,s^{-1}} = 2{,}5 \cdot 10^{-30}\,kg$$

1.3b
$$\gamma = \frac{1}{\sqrt{1-\beta^2}} = \frac{1}{\sqrt{1-0{,}93^2}} = 2{,}7$$
$m = \gamma m_0 = 2{,}7 \cdot 9{,}11 \cdot 10^{-31}$ kg $= 2{,}5 \cdot 10^{-30}$ kg

Ausführliche Lösungen Kapitel 1

1.4a (Seite 18)

$$\gamma = \frac{1}{\sqrt{1-\beta^2}} = \frac{1}{\sqrt{1-0{,}10^2}} = 1{,}0050$$

$m = \gamma m_0 = 1{,}0050 \cdot 9{,}1094 \cdot 10^{-31}$ kg $= 9{,}1549 \cdot 10^{-31}$ kg

$\Delta m = m - m_0 = \gamma m_0 - m_0 = (\gamma - 1)\, m_0$

$\Rightarrow \quad \dfrac{\Delta m}{m_0} = \gamma - 1 = 1{,}0050 - 1 = 0{,}0050$

Die relativistische Massenzunahme beträgt 0,50 % der Ruhmasse.

Seite 19

1.4b

Die kinetische Energie nach dem Durchlaufen der Spannung U beträgt:

$E_k = (m - m_0)\, c^2 = (\gamma m_0 - m_0)\, c^2 = (\gamma - 1)\, m_0 c^2$

Die Ruhenergie des Elektrons ist $E_0 = m_0 c^2 = 0{,}511$ MeV $= 511$ keV.
Also beträgt die kinetische Energie $E_k = (1{,}0050 - 1) \cdot 511$ keV $= 2{,}56$ keV.
Diese Energie wurde dem elektrischen Feld entnommen, denn beim Durchlaufen der Spannung U gewinnt das Elektron die Energie eU:

$eU = E_k \quad \Rightarrow \quad U = \dfrac{E_k}{e} = \dfrac{2{,}56 \text{ keV}}{e} = 2{,}56 \text{ kV}$

1.5a

$m = \gamma m_0 \quad \Rightarrow \quad \dfrac{m}{m_0} = \gamma = \dfrac{1}{\sqrt{1-\beta^2}}$

β	0,10	0,20	0,30	0,40	0,50	0,60	0,70	0,80	0,90
γ	1,005	1,021	1,048	1,091	1,155	1,250	1,400	1,667	2,294

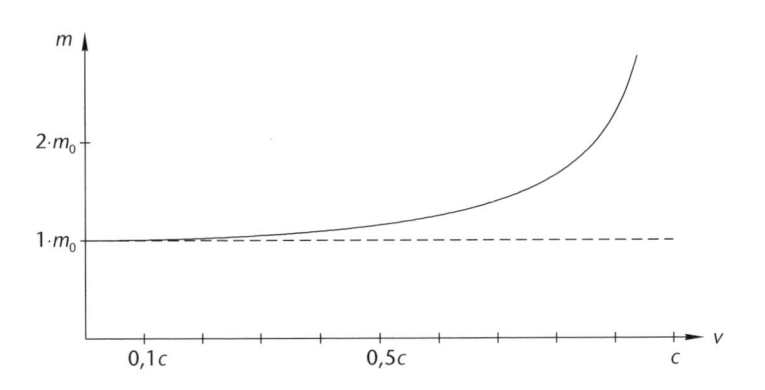

1.5b

$E_k = (m - m_0)\, c^2 = (\gamma m_0 - m_0)\, c^2 = (\gamma - 1)\, m_0 c^2 = (\gamma - 1) \cdot E_0 \quad \Rightarrow \quad \dfrac{E_k}{E_0} = \gamma - 1$

$\dfrac{1}{2} m_0 v^2 = \dfrac{1}{2} m_0 (\beta \cdot c)^2 = \dfrac{1}{2} \beta^2 \cdot m_0 c^2 = \dfrac{1}{2} \beta^2 \cdot E_0 \quad \Rightarrow \quad \dfrac{\frac{1}{2} m_0 v^2}{E_0} = \dfrac{1}{2} \beta^2$

Ausführliche Lösungen Kapitel 1

(Seite 19)

β	0,10	0,20	0,30	0,40	0,50	0,60	0,70	0,80	0,90
$\gamma - 1$	0,005	0,021	0,048	0,091	0,155	0,250	0,400	0,667	1,294
$\frac{1}{2}\beta^2$	0,005	0,020	0,045	0,080	0,125	0,180	0,245	0,320	0,405

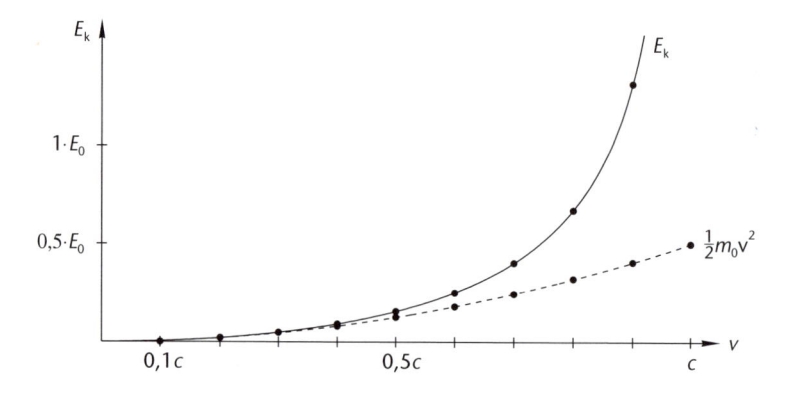

1.6a

$$\beta = \frac{v}{c} = \frac{2{,}70 \cdot 10^8 \text{ m s}^{-1}}{3{,}00 \cdot 10^8 \text{ m s}^{-1}} = 0{,}900$$

$$\gamma = \frac{1}{\sqrt{1-\beta^2}} = \frac{1}{\sqrt{1-0{,}900^2}} = 2{,}29$$

$\Delta m = m - m_0 = \gamma m_0 - m_0 = (\gamma - 1)\, m_0 = (2{,}29 - 1) \cdot 1{,}67 \cdot 10^{-27}$ kg $= 2{,}15 \cdot 10^{-27}$ kg

$m = \gamma m_0 = 2{,}29 \cdot 1{,}67 \cdot 10^{-27}$ kg $= 3{,}82 \cdot 10^{-27}$ kg

1.6b

$E_0 = m_0 c^2 = 1{,}67 \cdot 10^{-27}$ kg $\cdot (3{,}00 \cdot 10^8 \text{ m s}^{-1})^2 = 1{,}50 \cdot 10^{-10}$ J

$E_k = \Delta m c^2 = 2{,}15 \cdot 10^{-27}$ kg $\cdot (3{,}00 \cdot 10^8 \text{ m s}^{-1})^2 = 1{,}94 \cdot 10^{-10}$ J

$E = m c^2 = 3{,}82 \cdot 10^{-27}$ kg $\cdot (3{,}00 \cdot 10^8 \text{ m s}^{-1})^2 = 3{,}44 \cdot 10^{-10}$ J

1.6c

Ruhendes Proton: $\dfrac{e}{m_0} = \dfrac{1{,}60 \cdot 10^{-19} \text{ C}}{1{,}67 \cdot 10^{-27} \text{ kg}} = 9{,}58 \cdot 10^7$ C kg^{-1}

Bewegtes Proton: $\dfrac{e}{m} = \dfrac{e}{\gamma m_0} = \dfrac{1}{\gamma} \cdot \dfrac{e}{m_0} = \dfrac{1}{2{,}29} \cdot 9{,}58 \cdot 10^7$ C kg^{-1} $= 4{,}18 \cdot 10^7$ C kg^{-1}

Die spezifische Ladung ist um den Faktor $\dfrac{1}{\gamma}$ geringer als beim ruhenden Proton.

$$\beta_E = \frac{v_E}{c} = \frac{2{,}97 \cdot 10^8 \text{ m s}^{-1}}{3{,}00 \cdot 10^8 \text{ m s}^{-1}} = 0{,}990$$

$$\gamma_E = \frac{1}{\sqrt{1-\beta^2}} = \frac{1}{\sqrt{1-0{,}990^2}} = 7{,}09$$

1.6d (Seite 19)

Nach der Beschleunigung hat das Proton die Gesamtenergie $E_E = \gamma_E \cdot E_0$.
Die Energiedifferenz $\Delta E = E_E - E$ wurde dem elektrischen Feld entnommen, in dem das Proton beschleunigt wurde:

$$eU = \Delta E \quad \Rightarrow \quad U = \frac{\Delta E}{e} = \frac{\gamma_E E_0 - \gamma E_0}{e} = \frac{(\gamma_E - \gamma)\, E_0}{e}$$

$$= \frac{(7{,}09 - 2{,}29) \cdot 1{,}50 \cdot 10^{-10}\text{ J}}{1{,}60 \cdot 10^{-19}\text{ C}} = 4{,}5 \cdot 10^9 \text{ V}$$

1.7

$$E_k = (m - m_0)\,c^2 = (\gamma m_0 - m_0)\,c^2 = (\gamma - 1)\,m_0 c^2 = (\gamma - 1)\,E_0$$

$$\Rightarrow \quad \gamma - 1 = \frac{E_k}{E_0} \quad \Rightarrow \quad \gamma = 1 + \frac{E_k}{E_0}$$

Nach Durchlaufen der Spannung $U = 650$ kV hat ein Elektron die kinetische Energie $E_k = eU = 650$ keV.
Die Ruhenergie eines Elektrons ist $E_0 = m_0 c^2 = 511$ keV.

$$\gamma = 1 + \frac{650 \text{ keV}}{511 \text{ keV}} = 2{,}27$$

$$\gamma = \frac{1}{\sqrt{1-\beta^2}} \quad \Rightarrow \quad 1 - \beta^2 = \frac{1}{\gamma^2} \quad \Rightarrow \quad \beta = \sqrt{1 - \frac{1}{\gamma^2}} = \sqrt{1 - \frac{1}{2{,}27^2}} = 0{,}898$$

$$v = \beta \cdot c = 0{,}898 \cdot 3{,}00 \cdot 10^8 \text{ m s}^{-1} = 2{,}69 \cdot 10^8 \text{ m s}^{-1}$$

1.8

Die für die Kreisbewegung des Elektrons erforderliche Zentripetalkraft ist die LORENTZ-Kraft des Magnetfelds:

$$\frac{mv^2}{r} = evB \quad \Rightarrow \quad mv = erB$$

Nun ist zu beachten, dass m von v abhängt: $m = \gamma m_0 = \dfrac{m_0}{\sqrt{1-\left(\dfrac{v}{c}\right)^2}}$

Also gilt: $\dfrac{m_0 v}{\sqrt{1-\left(\dfrac{v}{c}\right)^2}} = erB$

Diese Gleichung muss nach v aufgelöst werden:

$$\frac{m_0^2 v^2}{1-\left(\dfrac{v}{c}\right)^2} = (erB)^2$$

$$\frac{m_0^2}{(erB)^2} \cdot v^2 = 1 - \left(\frac{v}{c}\right)^2$$

$$\frac{m_0^2}{(erB)^2} \cdot v^2 = \frac{c^2 - v^2}{c^2}$$

(Seite 19)

$$\frac{m_0^2 c^2}{(erB)^2} \cdot v^2 = c^2 - v^2$$

$$v^2 + \left(\frac{m_0 c}{erB}\right)^2 \cdot v^2 = c^2$$

$$\left(1 + \left(\frac{m_0 c}{erB}\right)^2\right) \cdot v^2 = c^2$$

$$v^2 = \frac{c^2}{1 + \left(\frac{m_0 c}{erB}\right)^2}$$

$$\Rightarrow v = \frac{c}{\sqrt{1 + \left(\frac{m_0 c}{erB}\right)^2}}$$

$$v = \frac{3{,}0 \cdot 10^8 \text{ m s}^{-1}}{\sqrt{1 + \left(\frac{9{,}1 \cdot 10^{-31} \text{ kg} \cdot 3{,}0 \cdot 10^8 \text{ m s}^{-1}}{1{,}6 \cdot 10^{-19} \text{ C} \cdot 0{,}042 \text{ m} \cdot 0{,}15 \text{ T}}\right)^2}} = 2{,}9 \cdot 10^8 \text{ m s}^{-1}$$

$$\beta = \frac{v}{c} = \frac{2{,}9 \cdot 10^8 \text{ m s}^{-1}}{3{,}0 \cdot 10^8 \text{ m s}^{-1}} = 0{,}97 \quad \Rightarrow \quad \gamma = \frac{1}{\sqrt{1-\beta^2}} = \frac{1}{\sqrt{1-0{,}97^2}} = 4{,}1$$

$$E_k = (m - m_0)\,c^2 = (\gamma m_0 - m_0)\,c^2 = (\gamma - 1)\,m_0 c^2 = (4{,}1 - 1) \cdot 0{,}51 \text{ MeV} = 1{,}6 \text{ MeV}$$

Seite 33 Kapitel 2 – Quantenphysik: Dualismus Welle–Teilchen

2.10 $E_k = e \cdot U$ $\qquad f = \dfrac{c}{\lambda} = \dfrac{3{,}00 \cdot 10^8 \text{ m s}^{-1}}{\lambda}$

λ in 10^{-9} m	366	405	546	578
f in 10^{14} Hz	8,20	7,41	5,49	5,19

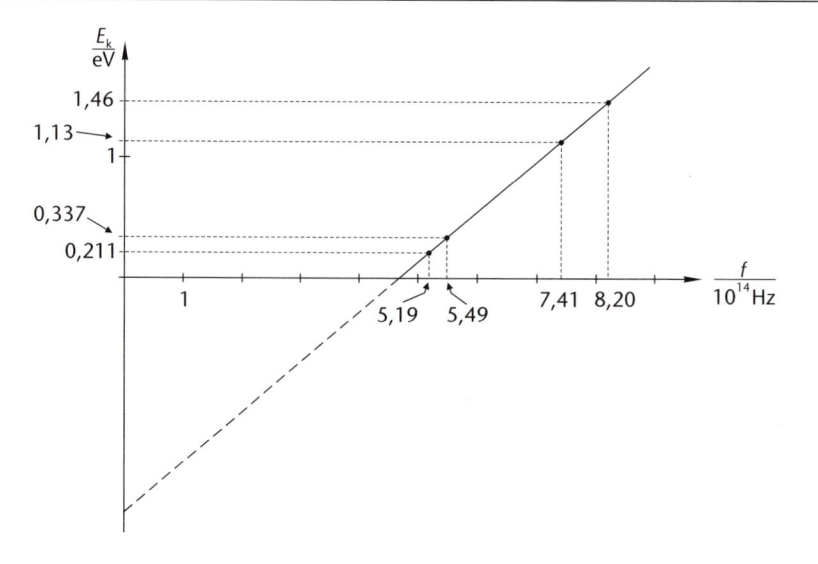

$$h = \frac{E_{k2} - E_{k1}}{f_2 - f_1} = \frac{e \cdot (U_2 - U_1)}{f_2 - f_1} = \frac{1{,}60 \cdot 10^{-19}\,\text{C} \cdot (1{,}46\,\text{V} - 0{,}211\,\text{V})}{8{,}20 \cdot 10^{14}\,\text{Hz} - 5{,}19 \cdot 10^{14}\,\text{Hz}} = 6{,}64 \cdot 10^{-34}\,\text{Js}$$

2.1b *(Seite 33)*

$$e \cdot U_2 = h \cdot f_2 - W \quad \Rightarrow \quad W = h \cdot f_2 - e \cdot U_2$$

2.1c

Für die Berechnung von W lässt sich jeder der vier Messpunkte verwenden.
$W = 6{,}64 \cdot 10^{-34}\,\text{Js} \cdot 8{,}20 \cdot 10^{14}\,\text{Hz} - 1{,}60 \cdot 10^{-19}\,\text{C} \cdot 1{,}46\,\text{V} = 3{,}11 \cdot 10^{-19}\,\text{J}$

$W = 3{,}11 \cdot 10^{-19}\,\text{J} \cdot 6{,}24 \cdot 10^{18}\,\dfrac{\text{eV}}{\text{J}} = 1{,}94\,\text{eV}$

Für die Grenzfrequenz gilt: $E_k = e \cdot U = 0$

$$0 = h \cdot f_g - W \quad \Rightarrow \quad f_g = \frac{W}{h}$$

$f_g = \dfrac{3{,}11 \cdot 10^{-19}\,\text{J}}{6{,}64 \cdot 10^{-34}\,\text{Js}} = 4{,}68 \cdot 10^{14}\,\text{Hz}$

Ein Photon, dessen Energie größer als die Austrittsarbeit des Kathodenmaterials ist, kann ein Elektron aus der Kathode auslösen. Die überschüssige Energie ist die kinetische Energie dieses Elektrons.

2.2a

Da die Lichtquelle Licht unterschiedlicher Wellenlängen und damit Photonen unterschiedlicher Energien aussendet, besteht der Fotostrom aus Elektronen unterschiedlicher Energien.

Der Fotostrom wird null, wenn die energiereichsten Elektronen das durch die Gegenspannung verursachte elektrische Feld zwischen Kathode und Auffängerelektrode nicht mehr überwinden können.

Das Licht mit der kürzesten Wellenlänge $\lambda_1 = 500\,\text{nm}$ hat die energiereichsten Photonen. Die Energie eines dieser Photonen ist:

2.2b

$$E_1 = h \cdot f_1 = \frac{h \cdot c}{\lambda_1} = \frac{6{,}63 \cdot 10^{-34}\,\text{Js} \cdot 3{,}00 \cdot 10^{8}\,\text{m s}^{-1}}{500 \cdot 10^{-9}\,\text{m}} = 3{,}98 \cdot 10^{-19}\,\text{J}$$

Für diese Photonen gilt $E_{k1} = E_1 - W$.
$\Rightarrow \quad W = E_1 - E_{k1}$
$ W = E_1 - e \cdot U_1 = 3{,}98 \cdot 10^{-19}\,\text{J} - 1{,}60 \cdot 10^{-19}\,\text{C} \cdot 0{,}550\,\text{V} = 3{,}10 \cdot 10^{-19}\,\text{J}$

Das Licht mit der größten Wellenlänge $\lambda_2 = 650\,\text{nm}$ hat die energieärmsten Photonen. Die Energie eines dieser Photonen ist:

2.2c

$$E_2 = h \cdot f_2 = \frac{h \cdot c}{\lambda_2} = \frac{6{,}63 \cdot 10^{-34}\,\text{Js} \cdot 3{,}00 \cdot 10^{8}\,\text{m s}^{-1}}{650 \cdot 10^{-9}\,\text{m}} = 3{,}06 \cdot 10^{-19}\,\text{J}$$

Da ihre Energie E_2 geringer ist als die Austrittsarbeit $W = 3{,}10 \cdot 10^{-19}\,\text{J}$, können diese Photonen selbst bei Gegenspannung null keinen Fotostrom auslösen. Der Bereich der Gegenspannung liegt zwischen null (für die energieärmsten Photonen) und $0{,}550\,\text{V}$ (für die energiereichsten Photonen).

Ausführliche Lösungen Kapitel 2

(Seite 33)

2.2 a) Die schnellsten Elektronen werden durch die energiereichsten Photonen ausgelöst. Der Fotostrom wird daher erst dann null, wenn selbst diese Photonen ihre gesamte kinetische Energie beim Durchlaufen der Gegenspannung verlieren. Dies ist bei $U_1 = 0{,}550$ V der Fall.

$$\frac{1}{2} mv^2 = e \cdot U_1 \quad \Rightarrow \quad v = \sqrt{\frac{2 \cdot e \cdot U_1}{m}} = \sqrt{\frac{2 \cdot 1{,}60 \cdot 10^{-19}\,\text{C} \cdot 0{,}550\,\text{V}}{9{,}11 \cdot 10^{-31}\,\text{kg}}} =$$

$$= 4{,}40 \cdot 10^5\,\text{m s}^{-1}$$

2.3 a) Die Energie eines Photons des gelben Lichts ist:

$$E_1 = h \cdot f_1 = \frac{h \cdot c}{\lambda_1} = \frac{6{,}63 \cdot 10^{-34}\,\text{J s} \cdot 3{,}00 \cdot 10^8\,\text{m s}^{-1}}{589 \cdot 10^{-9}\,\text{nm}} = 3{,}38 \cdot 10^{-19}\,\text{J}$$

$$E_1 = 3{,}38 \cdot 10^{-19}\,\text{J} \cdot 6{,}24 \cdot 10^{18}\,\frac{\text{eV}}{\text{J}} = 2{,}11\,\text{eV}$$

Es kann kein Fotostrom ausgelöst werden, weil die Energie eines Photons geringer ist als die Austrittsarbeit.

2.3 b)
$$E_k = h \cdot f_2 - W$$
$$\frac{1}{2} mv^2 = \frac{h \cdot c}{\lambda_2} - W$$
$$\Rightarrow \quad v = \sqrt{\frac{2}{m}\left(\frac{h \cdot c}{\lambda_2} - W\right)}$$

$$\frac{h \cdot c}{\lambda_2} = \frac{6{,}63 \cdot 10^{-34}\,\text{J s} \cdot 3{,}00 \cdot 10^8\,\text{m s}^{-1}}{236 \cdot 10^{-9}\,\text{m}} = 8{,}43 \cdot 10^{-19}\,\text{J}$$

$$W = 4{,}57\,\text{eV} \cdot 1{,}60 \cdot 10^{-19}\,\frac{\text{J}}{\text{eV}} = 7{,}31 \cdot 10^{-19}\,\text{J}$$

$$v = \sqrt{\frac{2}{9{,}11 \cdot 10^{-31}\,\text{kg}} \cdot (8{,}43 \cdot 10^{-19}\,\text{J} - 7{,}31 \cdot 10^{-19}\,\text{J})} = 4{,}96 \cdot 10^5\,\text{m s}^{-1}$$

2.3 c)
$$E_k = h \cdot f_2 - W$$
$$e \cdot U_2 = \frac{h \cdot c}{\lambda_2} - W \quad \Rightarrow \quad U_2 = \frac{1}{e} \cdot \frac{h \cdot c}{\lambda_2} - \frac{W}{e}$$

$$U_2 = \frac{1}{1{,}60 \cdot 10^{-19}\,\text{C}} \cdot 8{,}43 \cdot 10^{-19}\,\text{J} - \frac{4{,}57\,\text{eV}}{e} =$$
$$= 5{,}27\,\text{V} - 4{,}57\,\text{V} = 0{,}70\,\text{V}$$

2.4 a) Energie eines Photons: $E_p = h \cdot f = \frac{h \cdot c}{\lambda}$

$$E_p = \frac{6{,}63 \cdot 10^{-34}\,\text{J s} \cdot 3{,}00 \cdot 10^8\,\text{m s}^{-1}}{540 \cdot 10^{-9}\,\text{m}} = 3{,}68 \cdot 10^{-19}\,\text{J}$$

Ausführliche Lösungen Kapitel 2

2.4b (Seite 33)

Austrittsarbeit: $W = h \cdot f_g = \dfrac{h \cdot c}{\lambda_g}$

$$W = \dfrac{6{,}63 \cdot 10^{-34}\,\text{J s} \cdot 3{,}00 \cdot 10^8\,\text{m s}^{-1}}{639 \cdot 10^{-9}\,\text{m}} = 3{,}11 \cdot 10^{-19}\,\text{J}$$

Energie eines Elektrons: $E_e = E_p - W$

$E_e = 3{,}68 \cdot 10^{-19}\,\text{J} - 3{,}11 \cdot 10^{-19}\,\text{J} = 0{,}57 \cdot 10^{-19}\,\text{J}$

2.4c

Strahlungsleistung: $P = \dfrac{E}{t} = \dfrac{N_p \cdot E_p}{t}$

$\Rightarrow$ Anzahl der Photonen: $N_p = \dfrac{P \cdot t}{E_p} = \dfrac{18{,}0 \cdot 10^{-3}\,\text{W} \cdot 1{,}00\,\text{s}}{3{,}68 \cdot 10^{-19}\,\text{J}} = 4{,}89 \cdot 10^{16}$

2.4d

Stromstärke des Fotostroms: $I = \dfrac{Q}{t} = \dfrac{N_e \cdot e}{t}$

$\Rightarrow$ Anzahl der Elektronen: $N_e = \dfrac{I \cdot t}{e} = \dfrac{2{,}30 \cdot 10^{-9}\,\text{A} \cdot 1{,}00\,\text{s}}{1{,}60 \cdot 10^{-19}\,\text{C}} = 1{,}44 \cdot 10^{10}$

$\dfrac{N_p}{N_e} = \dfrac{4{,}89 \cdot 10^{16}}{1{,}44 \cdot 10^{10}} = 3{,}40 \cdot 10^6$

Es werden im Mittel $3{,}40 \cdot 10^6$ Photonen benötigt, um ein Elektron auszulösen. (Sie sehen, dass es beim Auftreffen der Photonen auf eine Metalloberfläche nur sehr selten zur Auslösung von Elektronen kommt. Die meisten Photonen werden reflektiert und es gibt noch weitere Wechselwirkungsmöglichkeiten mit dem Metall.)

Seite 34

2.5a

Ein Fotostrom wird erzeugt, wenn die Photonenenergie größer ist als die Austrittsarbeit $W = 1{,}8\,\text{eV} \cdot 1{,}6 \cdot 10^{-19}\,\dfrac{\text{J}}{\text{eV}} = 2{,}9 \cdot 10^{-19}\,\text{J}$.

Energie eines Helium-Neon-Laser-Photons:

$$E_{HN} = \dfrac{h \cdot c}{\lambda_{HN}} = \dfrac{6{,}6 \cdot 10^{-34}\,\text{J} \cdot 3{,}0 \cdot 10^8\,\text{m s}^{-1}}{0{,}63 \cdot 10^{-6}\,\text{m}} = 3{,}1 \cdot 10^{-19}\,\text{J}$$

Energie eines CO_2-Laser-Photons:

$$E_k = \dfrac{h \cdot c}{\lambda_K} = \dfrac{6{,}6 \cdot 10^{-34}\,\text{J} \cdot 3{,}0 \cdot 10^8\,\text{m s}^{-1}}{1{,}1 \cdot 10^{-6}\,\text{m}} = 1{,}8 \cdot 10^{-19}\,\text{J}$$

Nur mit dem Helium-Neon-Laser wird ein Fotostrom erzeugt.

2.5b

$I = \dfrac{Q}{t} = \dfrac{N_e \cdot e}{t}$

$\dfrac{N_e}{N_p} = \dfrac{8}{10^7} \quad \Rightarrow \quad N_e = 8 \cdot 10^{-7} \cdot N_p \quad \Rightarrow \quad I = 8 \cdot 10^{-7} \cdot \dfrac{N_p \cdot e}{t}$

Ausführliche Lösungen Kapitel 2

(Seite 34) Die Energie des vom He-Ne-Laser eingestrahlten Lichts ist $E = E_p \cdot E_{HN}$.

$$P = \frac{E}{t} = \frac{N_p \cdot E_{HN}}{t} \Rightarrow N_p = \frac{P \cdot t}{E_{HN}}$$

$$\Rightarrow I = 8 \cdot 10^{-7} \cdot \frac{P \cdot t}{E_{HN}} \cdot \frac{e}{t} = \frac{8 \cdot 10^{-7} \cdot P \cdot e}{E_{HN}} =$$

$$= \frac{8 \cdot 10^{-7} \cdot 1{,}0 \cdot 10^{-3} \text{ W} \cdot 1{,}6 \cdot 10^{-19} \text{ C}}{3{,}1 \cdot 10^{-19} \text{ J}} = 4{,}1 \cdot 10^{-10} \text{ A}$$

2.6a

$$e \cdot U_1 = h \cdot f_1 - W$$

$$e \cdot U_1 = h \cdot f_1 - h \cdot f_g \Rightarrow U_1 = \frac{h}{e}(f_1 - f_g)$$

$$U_1 = \frac{6{,}6 \cdot 10^{-34} \text{ J s}}{1{,}6 \cdot 10^{-19} \text{ C}} \cdot (4{,}7 \cdot 10^{14} \text{ Hz} - 4{,}0 \cdot 10^{14} \text{ Hz}) = 0{,}29 \text{ V}$$

2.6b

$$I = \frac{Q}{t} = \frac{N_e \cdot e}{t}$$

Die Anzahl N_e der Elektronen, die in der Zeit t aus der Kathode ausgelöst werden, ist zur Anzahl N_p der auftreffenden Photonen proportional: $N_e = k \cdot N_p$

N_p ergibt sich aus der Lichtleistung: $P = \frac{E}{t} = \frac{N_p \cdot h \cdot f}{t} \Rightarrow N_p = \frac{P \cdot t}{h \cdot f}$

Also gilt: $N_e = \frac{k \cdot P \cdot t}{h \cdot f} \Rightarrow I = \frac{k \cdot P \cdot t \cdot e}{h \cdot f \cdot t}$

Kürzen mit t und Ordnen dieser Gleichung zeigt:
Die Fotostromstärke I hängt mit der Leistung P und der Frequenz f über die Gleichung

$$I = \frac{k \cdot e}{h} \cdot \frac{P}{f}$$

zusammen, wobei $\frac{k \cdot e}{h}$ bei dieser Fotozelle konstant ist.

$$I_2 = \frac{k \cdot e}{h} \cdot \frac{P_2}{f_1} = \frac{k \cdot e}{h} \cdot \frac{2 \cdot P_1}{f_1} = 2 \cdot \frac{k \cdot e}{h} \cdot \frac{P_1}{f_1} = 2 \cdot I_1$$

$I_2 = 2 \cdot 0{,}18 \text{ nA} = 0{,}36 \text{ nA} = 3{,}6 \cdot 10^{-10} \text{ A}$

Die Gegenspannung ergibt sich wie in Teilaufgabe a hergeleitet: $U = \frac{h}{e} \cdot (f - f_g)$

Die Gegenspannung, die den Strom zum Erliegen bringt, hängt nicht von der Lichtleistung ab: $U_2 = U_1 = 0{,}29 \text{ V}$

Erläuterung mit dem Photonenmodell:
Bei doppelter Lichtleistung treffen doppelt so viele Photonen auf die Kathode. Deshalb werden doppelt so viele Elektronen ausgelöst und der Fotostrom ist doppelt so hoch.
Da die Frequenz des Lichts unverändert ist, hat jedes Photon und damit auch jedes ausgelöste Elektron eine unveränderte Energie. Deshalb wird der Fotostrom durch dieselbe Gegenspannung zum Erliegen gebracht.

2.6c

Aus $I_3 = \frac{k \cdot e}{h} \cdot \frac{P_1}{f_3}$ und $I_1 = \frac{k \cdot e}{h} \cdot \frac{P_1}{f_1}$ folgt: $\frac{I_3}{I_1} = \frac{f_1}{f_3}$ $\Rightarrow$ $I_3 = \frac{f_1}{f_3} \cdot I_1$

$I_3 = \frac{f_1}{2 \cdot f_1} \cdot I_1 = \frac{1}{2} \cdot I_1 = \frac{1}{2} \cdot 0{,}18 \text{ nA} = 0{,}090 \text{ nA} = 9{,}0 \cdot 10^{-11} \text{ A}$

$U_3 = \frac{h}{e} \cdot (f_3 - f_g) = \frac{6{,}6 \cdot 10^{-34} \text{ J s}}{1{,}6 \cdot 10^{-19} \text{ C}} \cdot (9{,}4 \cdot 10^{14} \text{ Hz} - 4{,}0 \cdot 10^{14} \text{ Hz}) = 2{,}2 \text{ V}$

Erläuterung mit dem Photonenmodell:
Licht mit der doppelten Frequenz besteht aus Photonen mit der doppelten Energie. Bei gleicher Strahlungsleistung treffen also auf die Kathode nur halb so viele Photonen, die nur halb so viele Elektronen auslösen. Deshalb wird die halbe Fotostromstärke gemessen.
(Anmerkung: Die Stromstärke ist der Quotient aus der Ladung und der Zeit, in der diese Ladungsmenge durch eine senkrecht zur Stromrichtung befindliche Fläche fließt.
In der *Fotozelle* ist eine höhere Austrittsgeschwindigkeit nicht mit einer höheren Zahl austretender Elektronen verbunden. Die pro Zeiteinheit gemessene Ladung bleibt also unverändert.
Bei der *Glühemission* ist das anders, weil da die Dichte der austretenden Elektronen konstant ist. Bei einer höheren Austrittsgeschwindigkeit werden dann mehr Ladungen pro Zeiteinheit gemessen.)

Ein Photon mit der doppelten Energie kann (nach Abzug der Austrittsarbeit) mehr Energie auf ein Elektron übertragen. Deshalb wird der Fotostrom erst bei einer höheren Gegenspannung zum Erliegen gebracht.

2.7a

$E = 14{,}4 \cdot 10^3 \text{ eV} \cdot 1{,}60 \cdot 10^{-19} \frac{\text{J}}{\text{eV}} = 2{,}30 \cdot 10^{-15} \text{ J}$

$E = h \cdot f$ $\Rightarrow$ $f = \frac{E}{h} = \frac{2{,}30 \cdot 10^{-15} \text{ J}}{6{,}63 \cdot 10^{-34} \text{ J s}} = 3{,}47 \cdot 10^{18} \text{ Hz}$

$E = m \cdot c^2$ $\Rightarrow$ $m = \frac{E}{c^2} = \frac{2{,}30 \cdot 10^{-15} \text{ J}}{(3{,}00 \cdot 10^8 \text{ m s}^{-1})^2} = 2{,}56 \cdot 10^{-32} \text{ kg}$

Ausführliche Lösungen Kapitel 2

(Seite 34)

2.7b $E_p = m \cdot g \cdot h = 2{,}56 \cdot 10^{-32}$ kg $\cdot$ 9,81 m s$^{-2} \cdot$ 25,0 m $= 6{,}28 \cdot 10^{-30}$ J

2.7c Kinetische Energie unten: $E = h \cdot f$
Kinetische Energie oben: $E' = h \cdot f'$

Energieerhaltungssatz: $E_p = E - E' = \Delta E = h \cdot (f - f') = h \cdot \Delta f$

$\Rightarrow \Delta f = \dfrac{E_p}{h} = \dfrac{6{,}28 \cdot 10^{-30} \text{ J}}{6{,}63 \cdot 10^{-34} \text{ J s}} = 9{,}47 \cdot 10^3$ Hz

$\dfrac{\Delta f}{f} = \dfrac{9{,}47 \cdot 10^3 \text{ Hz}}{3{,}48 \cdot 10^{18} \text{ Hz}} = 2{,}72 \cdot 10^{-15}$

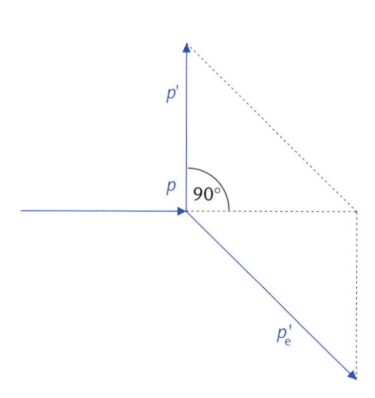

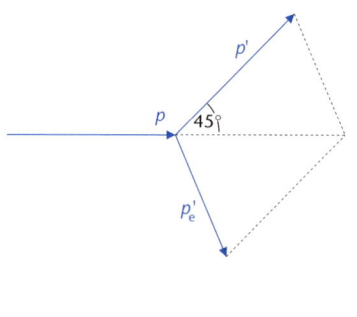

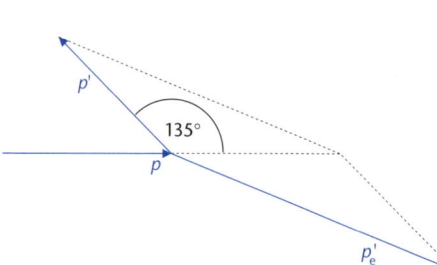

Seite 35

2.8 $\lambda = \dfrac{h}{m \cdot c} = \dfrac{6{,}63 \cdot 10^{-34} \text{ J s}}{9{,}11 \cdot 10^{-31} \text{ kg} \cdot 3{,}00 \cdot 10^8 \text{ m s}^{-1}} = 2{,}43 \cdot 10^{-12}$ m

$E = m \cdot c^2 = 9{,}11 \cdot 10^{-31}$ kg $\cdot (3{,}00 \cdot 10^8$ m s$^{-1})^2 = 8{,}20 \cdot 10^{-14}$ J $=$
$= 8{,}20 \cdot 10^{-14}$ J $\cdot 6{,}24 \cdot 10^{18} \dfrac{\text{eV}}{\text{J}} = 5{,}12 \cdot 10^5$ eV $= 0{,}512$ MeV

$p = m \cdot c = 9{,}11 \cdot 10^{-31}$ kg $\cdot 3{,}00 \cdot 10^8$ m s$^{-1} = 2{,}73 \cdot 10^{-22}$ N s

2.9 $p = \dfrac{h}{\lambda} = \dfrac{6{,}63 \cdot 10^{-34} \text{ J s}}{72{,}1 \cdot 10^{-12} \text{ m}} = 9{,}20 \cdot 10^{-24}$ N s

$p' = \dfrac{h}{\lambda + \Delta \lambda} = \dfrac{h}{\lambda + \lambda_C (1 - \cos \vartheta)} = \dfrac{6{,}63 \cdot 10^{-34} \text{ J s}}{72{,}1 \cdot 10^{-12} \text{ m} + 2{,}43 \cdot 10^{-12} \text{ m} \cdot (1 - \cos \vartheta)}$

Für $\vartheta = 45°$: $p' = 9{,}11 \cdot 10^{-24}$ N s
Für $\vartheta = 90°$: $p' = 8{,}90 \cdot 10^{-24}$ N s
Für $\vartheta = 135°$: $p' = 8{,}70 \cdot 10^{-24}$ N s

2.10 a) (Seite 35)

$$E = \frac{hc}{\lambda} = \frac{6{,}63 \cdot 10^{-34}\,\text{J s} \cdot 3{,}00 \cdot 10^{8}\,\text{m s}^{-1}}{18{,}0 \cdot 10^{-12}\,\text{m}} =$$
$$= 1{,}11 \cdot 10^{-14}\,\text{J} = 1{,}11 \cdot 10^{-14} \cdot 6{,}24 \cdot 10^{18}\,\text{eV} = 69{,}0\,\text{keV}$$

$$p = \frac{h}{\lambda} = \frac{6{,}63 \cdot 10^{-34}\,\text{J s}}{18{,}0 \cdot 10^{-12}\,\text{m}} = 3{,}68 \cdot 10^{-23}\,\text{N s}$$

2.10 b)

$$\Delta\lambda = \lambda_C (1 - \cos\vartheta) = 2{,}43 \cdot 10^{-12}\,\text{m} \cdot (1 - \cos 130°) = 3{,}99 \cdot 10^{-12}\,\text{m}$$

$$\lambda' = \lambda + \Delta\lambda = 18{,}0 \cdot 10^{-12}\,\text{m} + 3{,}99 \cdot 10^{-12}\,\text{m} = 22{,}0 \cdot 10^{-12}\,\text{m}$$

$$E' = \frac{hc}{\lambda'} = \frac{6{,}63 \cdot 10^{-34}\,\text{J s} \cdot 3{,}00 \cdot 10^{8}\,\text{m s}^{-1}}{22{,}0 \cdot 10^{-12}\,\text{m}} =$$
$$= 9{,}04 \cdot 10^{-15}\,\text{J} = 9{,}04 \cdot 10^{-15} \cdot 6{,}24 \cdot 10^{18}\,\text{eV} = 56{,}4\,\text{keV}$$

$$p' = \frac{h}{\lambda'} = \frac{6{,}63 \cdot 10^{-34}\,\text{J s}}{22{,}0 \cdot 10^{-12}\,\text{m}} = 3{,}01 \cdot 10^{-23}\,\text{N s}$$

2.10 c)

$$E'_e = E - E' = 69{,}0\,\text{keV} - 56{,}4\,\text{keV} = 12{,}6\,\text{keV}$$

2.10 d)

$$p'_e = \sqrt{p^2 + p'^2 - 2pp' \cdot \cos\vartheta}$$

$$= \sqrt{(3{,}68 \cdot 10^{-23}\,\text{N s})^2 + (3{,}01 \cdot 10^{-23}\,\text{N s})^2 - 2 \cdot 3{,}68 \cdot 10^{-23}\,\text{N s} \cdot 3{,}01 \cdot 10^{-23}\,\text{N s} \cdot \cos 130°}$$

$$= \sqrt{3{,}68^2 + 3{,}01^2 - 2 \cdot 3{,}68 \cdot 3{,}01 \cdot \cos 130°} \cdot 10^{-23}\,\text{N s} = 6{,}07 \cdot 10^{-23}\,\text{N s}$$

$$E'_e = (\gamma - 1) \cdot m_0 c^2 \;\Rightarrow\; \gamma - 1 = \frac{E'_e}{m_0 c^2} \;\Rightarrow\; \gamma = 1 + \frac{E'_e}{m_0 c^2}$$

$$\gamma = 1 + \frac{12{,}6\,\text{keV}}{511\,\text{keV}} = 1{,}0247$$

$$\gamma = \frac{1}{\sqrt{1 - \beta^2}} \;\Rightarrow\; \sqrt{1 - \beta^2} = \frac{1}{\gamma} \;\Rightarrow\; 1 - \beta^2 = \frac{1}{\gamma^2} \;\Rightarrow\; \beta^2 = 1 - \frac{1}{\gamma^2} \;\Rightarrow\; \beta = \sqrt{1 - \frac{1}{\gamma^2}}$$

$$\beta = \sqrt{1 - \frac{1}{1{,}0247^2}} = 0{,}218$$

$$v = \beta \cdot c = 0{,}218 \cdot 3{,}00 \cdot 10^{8}\,\text{m s}^{-1} = 6{,}54 \cdot 10^{7}\,\text{m s}^{-1}$$

2.10 e)

$$p'_e \cdot \sin\varphi = p' \cdot \sin\vartheta \;\Rightarrow\; \sin\varphi = \frac{p'}{p'_e} \cdot \sin\vartheta$$

$$\sin\varphi = \frac{3{,}01 \cdot 10^{-23}\,\text{N s}}{6{,}07 \cdot 10^{-23}\,\text{N s}} \cdot \sin 130° = 0{,}380 \;\Rightarrow\; \varphi = 22{,}3°$$

Ausführliche Lösungen Kapitel 2

(Seite 35) **2.11a** $E_k = e \cdot U$ $E_{ges} = E_0 + E_k = 0{,}511\ \text{MeV} + E_k$

U	1,00 V	1,00 kV	1,00 MV
E_k	1,00 eV	1,00 keV	1,00 MeV
E_{ges}	0,511 MeV	0,512 MeV	1,511 MeV

Seite 36

2.11b Nichtrelativistische Rechnung: $\frac{1}{2} m_0 v^2 = e \cdot U \Rightarrow v = \sqrt{2 \cdot \frac{e}{m_0} \cdot U}$

$v_1 = \sqrt{2 \cdot 1{,}76 \cdot 10^{11}\ \text{C kg}^{-1} \cdot 1{,}00\ \text{V}} = 5{,}93 \cdot 10^5\ \text{m s}^{-1}$

$v_2 = \sqrt{2 \cdot 1{,}76 \cdot 10^{11}\ \text{C kg}^{-1} \cdot 1{,}00 \cdot 10^3\ \text{V}} = 1{,}88 \cdot 10^7\ \text{m s}^{-1}$

Relativistische Rechnung:
$E_k = eU_3 \Rightarrow (\gamma - 1) E_0 = eU_3 \Rightarrow (\gamma - 1) \cdot m_0 c^2 = e \cdot U_3$

$\Rightarrow \gamma = 1 + \frac{e \cdot U_3}{m_0 c^2} = 1 + \frac{1{,}00\ \text{MeV}}{0{,}511\ \text{MeV}} = 2{,}96$

$\gamma = \frac{1}{\sqrt{1-\beta^2}} \Rightarrow 1 - \beta^2 = \frac{1}{\gamma^2} \Rightarrow \beta = \sqrt{1 - \frac{1}{\gamma^2}}$

$v_3 = \beta \cdot c = \sqrt{1 - \frac{1}{2{,}96^2}} \cdot 3{,}00 \cdot 10^8\ \text{m s}^{-1} = 2{,}82 \cdot 10^8\ \text{m s}^{-1}$

2.11c Nichtrelativistische Rechnung: $\lambda = \frac{h}{m_0 \cdot v}$

$\lambda_1 = \frac{6{,}63 \cdot 10^{-34}\ \text{s}}{9{,}11 \cdot 10^{-31}\ \text{kg} \cdot 5{,}93 \cdot 10^5\ \text{m s}^{-1}} = 1{,}23 \cdot 10^{-9}\ \text{m}$

$\lambda_2 = \frac{6{,}63 \cdot 10^{-34}\ \text{s}}{9{,}11 \cdot 10^{-31}\ \text{kg} \cdot 1{,}88 \cdot 10^7\ \text{m s}^{-1}} = 3{,}87 \cdot 10^{-11}\ \text{m}$

Relativistische Rechnung:

$\lambda_3 = \frac{h}{\gamma \cdot m_0 \cdot v} = \frac{6{,}63 \cdot 10^{-34}\ \text{s}}{2{,}96 \cdot 9{,}11 \cdot 10^{-31}\ \text{kg} \cdot 2{,}82 \cdot 10^8\ \text{m s}^{-1}} = 8{,}72 \cdot 10^{-13}\ \text{m}$

2.12 Die Wahrscheinlichkeit, dass Elektronen an einer Kristalloberfläche reflektiert werden, ist hoch, wenn die mit ihnen verbundene Materiewelle die BRAGGsche Beziehung $k \cdot \lambda = 2d \cdot \sin \vartheta$ exakt erfüllt. Dabei ist $d = 0{,}273$ nm der Netzebenenabstand und $\vartheta = 5{,}70°$ der Glanzwinkel zwischen Elektronenstrahl und Netzebene.

Die Wellenlänge der Materiewelle ist $\lambda = \dfrac{h}{m \cdot v}$. k muss eine ganze Zahl sein.

$\dfrac{1}{2} mv^2 = e \cdot U$

$\Rightarrow \quad v = \sqrt{2 \cdot \dfrac{e}{m} \cdot U} = \sqrt{2 \cdot 1{,}76 \cdot 10^{11}\,\text{C kg}^{-1} \cdot 1{,}15 \cdot 10^3\,\text{V}} = 2{,}01 \cdot 10^7\,\text{m s}^{-1}$

$\lambda = \dfrac{h}{m \cdot v} = \dfrac{6{,}63 \cdot 10^{-34}\,\text{J s}}{9{,}11 \cdot 10^{-31}\,\text{kg} \cdot 2{,}01 \cdot 10^7\,\text{m s}^{-1}} = 3{,}62 \cdot 10^{-11}\,\text{m}$

$k \cdot \lambda = 2d \cdot \sin \vartheta \quad \Rightarrow \quad k = \dfrac{2d \cdot \sin \vartheta}{\lambda} = \dfrac{2 \cdot 0{,}273 \cdot 10^{-9}\,\text{m} \cdot \sin 5{,}70°}{3{,}62 \cdot 10^{-11}\,\text{m}} = 1{,}50$

Mit $k = 1{,}50$ ist die BRAGGsche Beziehung nicht erfüllt. Die Wahrscheinlichkeit, dass Elektronen reflektiert werden, ist minimal.

$E_k = e \cdot U$

$(m - m_0) \cdot c^2 = e \cdot U \quad \Rightarrow \quad (\gamma - 1) \cdot m_0 c^2 = e \cdot U$

$\gamma = 1 + \dfrac{e \cdot U}{m_0 c^2} = 1 + \dfrac{3{,}00\,\text{keV}}{511\,\text{keV}} = 1{,}006$

$\gamma = \dfrac{1}{\sqrt{1 - \beta^2}} \quad \Rightarrow \quad 1 - \beta^2 = \dfrac{1}{\gamma^2} \quad \Rightarrow \quad \beta = \sqrt{1 - \dfrac{1}{\gamma^2}}$

$v = \beta \cdot c = \sqrt{1 - \dfrac{1}{1{,}006^2}} \cdot 3{,}00 \cdot 10^8\,\text{m s}^{-1} = 3{,}27 \cdot 10^7\,\text{m s}^{-1}$

$\lambda = \dfrac{h}{m \cdot v} = \dfrac{h}{\gamma \cdot m_0 \cdot v} = \dfrac{6{,}63 \cdot 10^{-34}\,\text{J s}}{1{,}006 \cdot 9{,}11 \cdot 10^{-31}\,\text{kg} \cdot 3{,}27 \cdot 10^7\,\text{m s}^{-1}} = 2{,}21 \cdot 10^{-11}\,\text{m}$

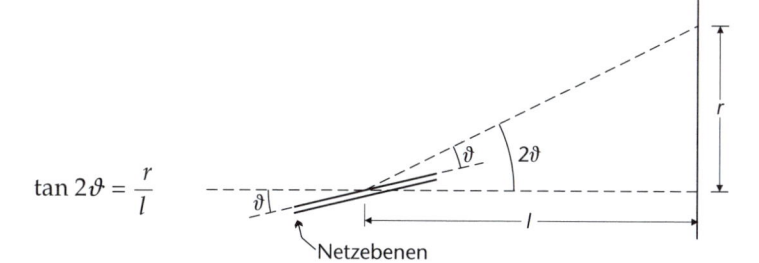

$\tan 2\vartheta = \dfrac{r}{l}$

Netzebenen

$\tan 2\vartheta_1 = \dfrac{r_1}{l} = \dfrac{1{,}40\,\text{cm}}{13{,}0\,\text{cm}} \quad \Rightarrow \quad \vartheta_1 = 3{,}07°$

$\tan 2\vartheta_2 = \dfrac{r_2}{l} = \dfrac{2{,}35\,\text{cm}}{13{,}0\,\text{cm}} \quad \Rightarrow \quad \vartheta_2 = 5{,}12°$

Ausführliche Lösungen Kapitel 2

(Seite 36)

2.13 Braggsche Bedingung für Interferenzmaxima 1. Ordnung:

$$\lambda = 2d \cdot \sin\vartheta \quad \Rightarrow \quad d = \frac{\lambda}{2 \cdot \sin\vartheta}$$

$$d_1 = \frac{\lambda}{2 \cdot \sin\vartheta_1} = \frac{2{,}21 \cdot 10^{-11}\,\text{m}}{2 \cdot \sin 3{,}07°} = 2{,}06 \cdot 10^{-10}\,\text{m}$$

$$d_2 = \frac{\lambda}{2 \cdot \sin\vartheta_2} = \frac{2{,}21 \cdot 10^{-11}\,\text{m}}{2 \cdot \sin 5{,}12°} = 1{,}24 \cdot 10^{-10}\,\text{m}$$

Seite 37

2.14 a) $p = \dfrac{h}{\lambda} = \dfrac{6{,}6 \cdot 10^{-34}\,\text{J s}}{0{,}63 \cdot 10^{-6}\,\text{m}} = 1{,}0 \cdot 10^{-27}\,\text{N s}$

2.14 b) $\Delta x \cdot \Delta p = h$

$\Rightarrow \quad \Delta p = \dfrac{h}{\Delta x} = \dfrac{6{,}6 \cdot 10^{-34}\,\text{J s}}{0{,}10 \cdot 10^{-3}\,\text{m}} = 6{,}6 \cdot 10^{-30}\,\text{N s}$

Vor dem Spalt haben sich die Photonen mit dem Impuls p in y-Richtung bewegt. Hinter dem Spalt kann sich der Impulsvektor gedreht haben. Die Photonen haben nun in x-Richtung irgendeinen Impulswert zwischen $-\Delta p$ und $+\Delta p$. Der Winkel α, unter dem das Interferenzminimum erster Ordnung erscheint, ergibt sich aus:

$$\sin\alpha = \frac{\Delta p}{p} = \frac{6{,}6 \cdot 10^{-30}\,\text{N s}}{1{,}0 \cdot 10^{-27}\,\text{N s}} \quad \Rightarrow \quad \alpha = 0{,}38°$$

2.14 c) Auf dem Schirm hat das Minimum erster Ordnung die Entfernung d von der Stelle, auf die das nicht abgelenkte Licht trifft:

$d = a \cdot \tan\alpha = 3{,}0\,\text{m} \cdot \tan 0{,}38° = 2{,}0 \cdot 10^{-2}\,\text{m} = 2{,}0\,\text{cm}$

Der Beugungsfleck hat die Breite $b = 2d = 2 \cdot 2{,}0\,\text{cm} = 4{,}0\,\text{cm}$.

2.15 Betrag des Impulses: $p = \Delta p$

$$\Delta x \cdot \Delta p \geq \frac{h}{4\pi} \quad \Rightarrow \quad \Delta p \geq \frac{h}{4\pi \cdot \Delta x} \quad \Rightarrow \quad p \geq \frac{h}{4\pi \cdot \Delta x}$$

Minimaler Betrag des Impulses:

$$p_m = \frac{h}{4\pi \cdot \Delta x} = \frac{6{,}6 \cdot 10^{-34}\,\text{J s}}{4\pi \cdot 0{,}10 \cdot 10^{-9}\,\text{m}} = 5{,}3 \cdot 10^{-25}\,\text{kg m s}^{-1}$$

Minimale kinetische Energie: $E_{k;m} = \frac{1}{2} \cdot m \cdot v_m^2$ **2.15b** (Seite 37)

$p_m = m \cdot v_m \Rightarrow v_m = \frac{p_m}{m}$

$\Rightarrow E_{k;m} = \frac{1}{2} \cdot m \cdot \left(\frac{p_m}{m}\right)^2 = \frac{p_m^2}{2 \cdot m} = \frac{(5{,}3 \cdot 10^{-25}\ \text{kg m s}^{-1})^2}{2 \cdot 9{,}1 \cdot 10^{-31}\ \text{kg}} = 1{,}5 \cdot 10^{-19}\ \text{J}$

$E_{k;m} = \frac{1{,}5 \cdot 10^{-19}}{1{,}6 \cdot 10^{-19}}\ \text{eV} = 0{,}94\ \text{eV}$

Kapitel 3 – Atommodelle

Seite 51

Im radialsymmetrischen elektrischen Feld der Kernladung $Q = 79e$ hat das **3.1a**
α-Teilchen mit der Ladung $q = 2e$ im Abstand r vom Zentrum des Goldatomkerns die potenzielle Energie:

$E_p = \frac{1}{4\pi\varepsilon_0} \cdot \frac{Q \cdot q}{r} = \frac{1}{4\pi\varepsilon_0} \cdot \frac{79e \cdot 2e}{r} = \frac{79 \cdot e^2}{2\pi\varepsilon_0} \cdot \frac{1}{r} =$

$= \frac{79 \cdot (1{,}6 \cdot 10^{-19}\ \text{C})^2}{2\pi \cdot 8{,}9 \cdot 10^{-12}\ \text{C V}^{-1}\ \text{m}^{-1}} \cdot \frac{1}{r} = (3{,}6 \cdot 10^{-26}\ \text{J m}) \cdot \frac{1}{r}$

Hinweis: Die Formel für E_p finden Sie im Kapitel 1.4 des mentor-Bandes „Elektrizität und Magnetismus".

Seite 52

Im Moment der größten Annäherung kehrt das α-Teilchen seine Bewegungs- **3.1b**
richtung um, es hat die Geschwindigkeit null. Die kinetische Energie, die
es in großer Entfernung vom Goldatom hatte, ist vollständig in potenzielle
Energie umgewandelt worden:

$E_k = E_p$

$\frac{1}{2}mv^2 = \frac{79e^2}{2\pi\varepsilon_0} \cdot \frac{1}{r}$

$\Rightarrow r = \frac{79e^2}{\pi\varepsilon_0 \cdot mv^2} = \frac{79 \cdot (1{,}6 \cdot 10^{-19}\ \text{C})^2}{\pi \cdot 8{,}9 \cdot 10^{-12}\ \text{C V}^{-1}\ \text{m}^{-1} \cdot 6{,}6 \cdot 10^{-27}\ \text{kg} \cdot (2{,}1 \cdot 10^7\ \text{m s}^{-1})^2} =$

$= 2{,}5 \cdot 10^{-14}\ \text{m}$

$\frac{r_A}{r} = \frac{0{,}13 \cdot 10^{-9}\ \text{m}}{2{,}5 \cdot 10^{-14}\ \text{m}} = 5{,}2 \cdot 10^3$ **3.1c**

Der Radius des Atomkerns ist kleiner als $\frac{1}{5000}$ des Radius des Atoms.

Ausführliche Lösungen Kapitel 3

(Seite 52)

3.2a Zentripetalkraft = COULOMB-Kraft

$$\frac{m v_n^2}{r_n} = \frac{e^2}{4\pi\varepsilon_0 r_n^2} \qquad \text{I}$$

BOHRsche Quantenbedingung:

$$2\pi r_n m v_n = n \cdot h \quad \Rightarrow \quad v_n = \frac{nh}{2\pi m r_n} \qquad \text{II}$$

II in I: $\quad \dfrac{m \cdot n^2 h^2}{r_n \cdot 4\pi^2 m^2 r_n^2} = \dfrac{e^2}{4\pi\varepsilon_0 r_n^2} \quad \Rightarrow \quad r_n = \dfrac{h^2 \varepsilon_0}{\pi m e^2} \cdot n^2$

$$v_n = \frac{nh}{2\pi m r_n} = \frac{nh \cdot \pi m e^2}{2\pi m \cdot h^2 \varepsilon_0 n^2} = \frac{e^2}{2h\varepsilon_0} \cdot \frac{1}{n}$$

Der Bahnumfang ist $2\pi r_n$. Die Umlaufdauer ist also:

$$T_n = \frac{2\pi r_n}{v_n} = \frac{2\pi \cdot h^2 \varepsilon_0 n^2 \cdot 2h\varepsilon_0 n}{\pi m e^2 \cdot e^2} = \frac{4 h^3 \varepsilon_0^2}{m e^4} \cdot n^3$$

3.2b Grundzustand: $n = 1$

$$r_1 = \frac{h^2 \varepsilon_0}{\pi m e^2} = \frac{(6{,}63 \cdot 10^{-34} \text{ J s})^2 \cdot 8{,}85 \cdot 10^{-12} \text{ C V}^{-1} \text{ m}^{-1}}{\pi \cdot 9{,}11 \cdot 10^{-31} \text{ kg} \cdot (1{,}60 \cdot 10^{-19} \text{ C})^2} = 5{,}31 \cdot 10^{-11} \text{ m}$$

$$v_1 = \frac{e^2}{2h\varepsilon_0} = \frac{(1{,}60 \cdot 10^{-19} \text{ C})^2}{2 \cdot 6{,}63 \cdot 10^{-34} \text{ J s} \cdot 8{,}85 \cdot 10^{-12} \text{ C V}^{-1} \text{ m}^{-1}} = 2{,}18 \cdot 10^6 \text{ m s}^{-1}$$

$$T_1 = \frac{2\pi r_1}{v_1} = \frac{2\pi \cdot 5{,}31 \cdot 10^{-11} \text{ m}}{2{,}18 \cdot 10^6 \text{ m s}^{-1}} = 1{,}53 \cdot 10^{-16} \text{ s}$$

Erster angeregter Zustand: $n = 2$

$r_n = r_1 \cdot n^2 \quad \Rightarrow \quad r_2 = r_1 \cdot 2^2 = 4 \cdot 5{,}31 \cdot 10^{-11} \text{ m} = 2{,}12 \cdot 10^{-10} \text{ m}$

$v_n = v_1 \cdot \dfrac{1}{n} \quad \Rightarrow \quad v_2 = v_1 \cdot \dfrac{1}{2} = \dfrac{1}{2} \cdot 2{,}18 \cdot 10^6 \text{ m s}^{-1} = 1{,}09 \cdot 10^6 \text{ m s}^{-1}$

$T_n = T_1 \cdot n^3 \quad \Rightarrow \quad T_2 = T_1 \cdot 2^3 = 8 \cdot 1{,}53 \cdot 10^{-16} \text{ s} = 1{,}22 \cdot 10^{-15} \text{ s}$

3.3a Energie in der n-ten Quantenbahn:

$$E_n = -Rhc \cdot \frac{1}{n^2} = -13{,}6 \text{ eV} \cdot \frac{1}{n^2} \quad \Rightarrow \quad E_1 = -13{,}6 \text{ eV}$$

$$E_2 = -13{,}6 \text{ eV} \cdot \frac{1}{4} = -3{,}40 \text{ eV}$$

$$E_3 = -13{,}6 \text{ eV} \cdot \frac{1}{9} = -1{,}51 \text{ eV}$$

$$E_4 = -13{,}6 \text{ eV} \cdot \frac{1}{16} = -0{,}85 \text{ eV}$$

Energiewerte der n-ten Quantenbahn für das Nullniveau bei $n = 1$:

3.3b (Seite 52)

$E_n' = E_H - E_n = Rhc \cdot \left(1 - \dfrac{1}{n^2}\right) = 13{,}6 \text{ eV} \cdot \left(1 - \dfrac{1}{n^2}\right) \Rightarrow E_1' = 0$

$E_2' = 13{,}6 \text{ eV} \cdot \left(1 - \dfrac{1}{4}\right) = 10{,}2 \text{ eV}$

$E_3' = 13{,}6 \text{ eV} \cdot \left(1 - \dfrac{1}{9}\right) = 12{,}1 \text{ eV}$

$E_4' = 13{,}6 \text{ eV} \cdot \left(1 - \dfrac{1}{16}\right) = 12{,}8 \text{ eV}$

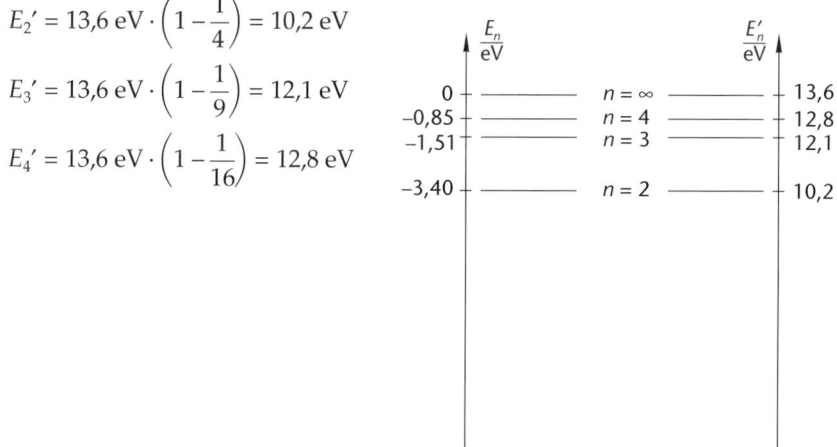

$\dfrac{E_n}{\text{eV}}$		$\dfrac{E_n'}{\text{eV}}$
0	$n = \infty$	13,6
−0,85	$n = 4$	12,8
−1,51	$n = 3$	12,1
−3,40	$n = 2$	10,2
−13,6	$n = 1$	0

3.3c Ein Atom kann ein Photon nur dann absorbieren, wenn die Energie des Photons exakt der Differenz zwischen den Energien des Atomelektrons im Grundzustand und in einem angeregten Zustand entspricht. Die Energie 12,5 eV des Photons ist größer als 12,1 eV und kleiner als 12,8 eV, also zu groß für den Übergang des Elektrons in die dritte und zu klein für den Übergang in die vierte Quantenbahn.

⇒ Wasserstoffatome können Photonen der Energie 12,5 eV nicht absorbieren.

3.3d Ein Wasserstoffatom im Grundzustand kann durch Elektronenstoß angeregt werden, wenn das Elektron *mindestens* die Energie 10,2 eV hat, mit der das Atom in den niedrigsten angeregten Zustand $n = 2$ übergeht.
Wasserstoffatome können also durch Stöße mit Elektronen der Energie 12,5 eV angeregt werden.

Das H-Atom nimmt entweder 10,2 eV oder 12,1 eV auf. Die Restenergie bleibt dem Stoßelektron als kinetische Energie.
Das H-Atom ist nun im Quantenzustand $n = 2$ oder $n = 3$. Von dort sind die gezeichneten drei Übergänge möglich.
Für die Wellenlänge des dabei emittierten Lichts gilt:

$\dfrac{1}{\lambda} = R \cdot \left(\dfrac{1}{n_1^2} - \dfrac{1}{n_2^2}\right) \Rightarrow \lambda = \dfrac{1}{R \cdot \left(\dfrac{1}{n_1^2} - \dfrac{1}{n_2^2}\right)}$

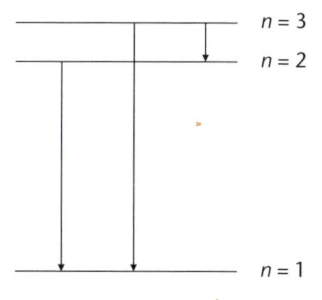

Ausführliche Lösungen Kapitel 3

(Seite 52) Übergang von $n_2 = 2$ nach $n_1 = 1$: $\lambda_{21} = \dfrac{1}{1{,}10 \cdot 10^7 \text{ m}^{-1} \cdot \left(1 - \dfrac{1}{4}\right)} = 1{,}21 \cdot 10^{-7}$ m

Übergang von $n_2 = 3$ nach $n_1 = 1$: $\lambda_{31} = \dfrac{1}{1{,}10 \cdot 10^7 \text{ m}^{-1} \cdot \left(1 - \dfrac{1}{9}\right)} = 1{,}02 \cdot 10^{-7}$ m

Übergang von $n_2 = 3$ nach $n_1 = 2$: $\lambda_{32} = \dfrac{1}{1{,}10 \cdot 10^7 \text{ m}^{-1} \cdot \left(\dfrac{1}{4} - \dfrac{1}{9}\right)} = 6{,}55 \cdot 10^{-7}$ m

3.3e Übergang von $n_1 = 1$ nach $n_2 = 4$: $\lambda = \dfrac{1}{1{,}10 \cdot 10^7 \text{ m}^{-1} \cdot \left(1 - \dfrac{1}{16}\right)} = 9{,}70 \cdot 10^{-8}$ m

$$f = \frac{c}{\lambda} = \frac{3{,}00 \cdot 10^8 \text{ m s}^{-1}}{9{,}70 \cdot 10^{-8} \text{ m}} = 3{,}09 \cdot 10^{15} \text{ Hz}$$

3.3f Die Energie $E = hf$ eines eintreffenden Photons muss dem Atom so viel Energie zuführen, dass das in der vierten Quantenbahn befindliche Elektron den Anziehungsbereich des Kerns verlassen kann. Dabei geht es vom Energieniveau $E_4 = -Rhc \cdot \dfrac{1}{4^2}$ in das Energieniveau $E_\infty = 0$ über:

$$hf = Rhc \cdot \frac{1}{4^2} \quad \Rightarrow \quad f = Rc \cdot \frac{1}{4^2}$$

$$f = 1{,}10 \cdot 10^7 \text{ m}^{-1} \cdot 3{,}00 \cdot 10^8 \text{ m s}^{-1} \cdot \frac{1}{16} = 2{,}06 \cdot 10^{14} \text{ Hz}$$

3.4 Der erste angeregte Zustand hat die Quantenzahl 2. Für die BALMER-Serie gilt die Serienformel:

$$\frac{1}{\lambda} = R \cdot \left(\frac{1}{2^2} - \frac{1}{n^2}\right) \quad \Rightarrow \quad \frac{1}{\lambda} = R \cdot \left(\frac{1}{4} - \frac{1}{n^2}\right)$$

$$\frac{1}{\lambda \cdot R} = \frac{1}{4} - \frac{1}{n^2}$$

$$\frac{1}{n^2} = \frac{1}{4} - \frac{1}{\lambda \cdot R}$$

$$n^2 = \frac{1}{\dfrac{1}{4} - \dfrac{1}{\lambda \cdot R}}$$

$$\Rightarrow \quad n = \frac{1}{\sqrt{\dfrac{1}{4} - \dfrac{1}{\lambda \cdot R}}} = \frac{1}{\sqrt{\dfrac{1}{4} - \dfrac{1}{433 \cdot 10^{-9} \text{ m} \cdot 1{,}10 \cdot 10^7 \text{ m}^{-1}}}} = 5$$

Die Linie der Wellenlänge 433 nm entsteht durch einen Übergang aus dem Zustand mit der Quantenzahl 5 in den Zustand mit der Quantenzahl 2.

3.5a

COULOMB-Kraft zwischen dem Kern mit der Ladung $Q = 2e$ und dem Elektron mit der Ladung $q = e$: $F = \dfrac{1}{4\pi\varepsilon_0} \cdot \dfrac{Q \cdot q}{r^2} = \dfrac{1}{4\pi\varepsilon_0} \cdot \dfrac{2e^2}{r^2} = \dfrac{e^2}{2\pi\varepsilon_0 r^2}$

Zentripetalkraft = COULOMB-Kraft

$$\dfrac{mv^2}{r} = \dfrac{e^2}{2\pi\varepsilon_0 r^2} \qquad \text{I}$$

BOHRsche Quantenbedingung für $n = 1$: $2\pi r \cdot mv = h$

$$\Rightarrow v = \dfrac{h}{2\pi rm} \qquad \text{II}$$

II in I: $\dfrac{m \cdot h^2}{r \cdot 4\pi^2 r^2 m^2} = \dfrac{e^2}{2\pi\varepsilon_0 r^2} \quad\Rightarrow\quad r = \dfrac{h^2 \varepsilon_0}{2\pi m e^2}$

$r = \dfrac{(6{,}63 \cdot 10^{-34}\,\text{J s})^2 \cdot 8{,}85 \cdot 10^{12}\,\text{C V}^{-1}\text{m}^{-1}}{2\pi \cdot 9{,}11 \cdot 10^{-31}\,\text{kg} \cdot (1{,}60 \cdot 10^{-19}\,\text{C})^2} = 2{,}65 \cdot 10^{-11}\,\text{m}$

$\dfrac{r}{r_\text{H}} = \dfrac{2{,}65 \cdot 10^{-11}\,\text{m}}{0{,}53 \cdot 10^{-10}\,\text{m}} = 0{,}5$

Der Radius des He$^+$-Ions ist halb so groß wie der Radius des H-Atoms.

3.5b

Energie des Elektrons im Grundzustand: $E_1 = E_\text{k} + E_\text{p}$

Aus I: $\dfrac{mv^2}{r} = \dfrac{e^2}{2\pi\varepsilon_0 r^2} \quad\Rightarrow\quad mv^2 = \dfrac{e^2}{2\pi\varepsilon_0 r}$

$$E_\text{k} = \dfrac{1}{2} mv^2 = \dfrac{e^2}{4\pi\varepsilon_0 r}$$

$$E_\text{p} = -\dfrac{1}{4\pi\varepsilon_0} \cdot \dfrac{Q \cdot q}{r} = -\dfrac{1}{4\pi\varepsilon_0} \cdot \dfrac{2e^2}{r} = -\dfrac{e^2}{2\pi\varepsilon_0 r}$$

$E_1 = E_\text{k} + E_\text{p} = \dfrac{e^2}{4\pi\varepsilon_0 r} - \dfrac{e^2}{2\pi\varepsilon_0 r} = -\dfrac{e^2}{4\pi\varepsilon_0 r}$

$= -\dfrac{(1{,}60 \cdot 10^{-19}\,\text{C})^2}{4\pi \cdot 8{,}85 \cdot 10^{-12}\,\text{C V}^{-1}\text{m}^{-1} \cdot 2{,}65 \cdot 10^{-11}\,\text{m}} = -8{,}69 \cdot 10^{-18}\,\text{J}$

$= -8{,}69 \cdot 10^{-18}\,\text{J} \cdot 6{,}24 \cdot 10^{18}\,\dfrac{\text{eV}}{\text{J}} = -54{,}2\,\text{eV}$

Die Ionisierungsenergie E des He$^+$-Ions beträgt also $54{,}2\,\text{eV}$.

$\dfrac{E}{E_\text{H}} = \dfrac{54{,}2\,\text{eV}}{13{,}6\,\text{eV}} = 4$

Die Ionisierungsenergie des He$^+$-Ions ist 4-mal so groß wie die des H-Atoms.

Ausführliche Lösungen Kapitel 3

(Seite 53) 3.6 Die Energiedifferenz zwischen Grundzustand und angeregtem Zustand beträgt: $\Delta E_0 = hf = \dfrac{hc}{\lambda}$

$$= \frac{6{,}63 \cdot 10^{-34}\,\text{J s} \cdot 3{,}00 \cdot 10^8\,\text{m s}^{-1}}{589 \cdot 10^{-9}\,\text{m}} = 3{,}38 \cdot 10^{-19}\,\text{J}$$

$$= 3{,}38 \cdot 10^{-19}\,\text{J} \cdot 6{,}24 \cdot 10^{18}\,\frac{\text{eV}}{\text{J}} = 2{,}11\,\text{eV}$$

Die Energiedifferenz zwischen dem angeregten Zustand und der Ionisationsgrenze beträgt:
$\Delta E = E_{\text{ion}} - \Delta E_0 = 5{,}14\,\text{eV} - 2{,}11\,\text{eV} = 3{,}03\,\text{eV}$

$$= 3{,}03\,\text{eV} \cdot 1{,}60 \cdot 10^{-19}\,\frac{\text{J}}{\text{eV}} = 4{,}85 \cdot 10^{-19}\,\text{J}$$

Die kinetische Energie des stoßenden Elektrons muss mindestens ΔE sein:

$$\frac{1}{2}mv^2 = \Delta E \quad \Rightarrow \quad v = \sqrt{\frac{2\,\Delta E}{m}} = \sqrt{\frac{2 \cdot 4{,}85 \cdot 10^{-19}\,\text{J}}{9{,}11 \cdot 10^{-31}\,\text{kg}}} = 1{,}03 \cdot 10^6\,\text{m s}^{-1}$$

3.7a Ein Elektron kann durch einen inelastischen Stoß ein Quecksilberatom aus dem Grundzustand in den angeregten Zustand bringen. Nach kurzer Zeit kehrt das Quecksilberatom in den Grundzustand zurück und emittiert die Anregungsenergie $E = 4{,}9\,\text{eV}$ als ein Photon ultravioletten Lichts:

$$E = hf = \frac{hc}{\lambda} \quad \Rightarrow \quad \lambda = \frac{hc}{E}$$

$$\lambda = \frac{6{,}6 \cdot 10^{-34}\,\text{J s} \cdot 3{,}0 \cdot 10^8\,\text{m s}^{-1}}{4{,}9\,\text{eV} \cdot 1{,}60 \cdot 10^{-19}\,\dfrac{\text{J}}{\text{eV}}} = 2{,}5 \cdot 10^{-7}\,\text{m}$$

3.7b Die aus der Glühkathode austretenden Elektronen werden durch die Spannung U bis zum Anodengitter gleichmäßig beschleunigt. Die beschleunigten Elektronen müssen mindestens die Energie $4{,}9\,\text{eV}$ haben, damit sie die Hg-Atome durch inelastische Stöße anregen können. Bei der Beschleunigungsspannung $9{,}8\,\text{V} = 2 \cdot 4{,}9\,\text{V}$ haben sie diese Energie bereits nach der halben Beschleunigungsstrecke erreicht. Da nur angeregte Hg-Atome ultraviolettes Licht emittieren, entsteht dieses Licht in dem Bereich von der Mitte der Beschleunigungsstrecke Glühkathode–Anodengitter bis hin zum Anodengitter.

3.8a $\lambda_g = \dfrac{hc}{eU} = \dfrac{6{,}63 \cdot 10^{-34}\,\text{J s} \cdot 3{,}00 \cdot 10^8\,\text{m s}^{-1}}{1{,}60 \cdot 10^{-19}\,\text{C} \cdot 35{,}0 \cdot 10^3\,\text{V}} = 3{,}55 \cdot 10^{-11}\,\text{m}$

$\lambda_1 = 2d \cdot \sin\vartheta_1 = 2 \cdot 46{,}3 \cdot 10^{-12}$ m $\cdot \sin 43{,}1° = 6{,}33 \cdot 10^{-11}$ m

3.8b (Seite 53)

$\lambda_2 = 2d \cdot \sin\vartheta_2 = 2 \cdot 46{,}3 \cdot 10^{-12}$ m $\cdot \sin 51{,}1° = 7{,}21 \cdot 10^{-11}$ m

Seite 54

Die K_α-Linie entsteht durch Übergänge aus der L- in die K-Schale, die K_β-Linie durch Übergänge aus der M- in die K-Schale. Die Energiedifferenz $\Delta E_{K\alpha} = E_2 - E_1$ beim Übergang von der L- in die K-Schale ist geringer als die Energiedifferenz $\Delta E_{K\beta} = E_3 - E_1$ beim Übergang von der M- in die K-Schale. Die Energiedifferenz ΔE ist die Energie des emittierten Photons: $\Delta E = \dfrac{hc}{\lambda}$. Da die Wellenlänge λ umgekehrt proportional zu ΔE ist, ist die Wellenlänge der K_α-Strahlung größer als die der K_β-Strahlung.

3.8c

Die K_α-Linie hat die Wellenlänge $\lambda_2 = 7{,}21 \cdot 10^{-11}$ m.

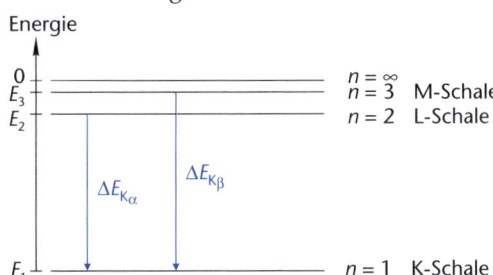

Für die K_α-Linie gilt:

3.8d

$$\frac{1}{\lambda_2} = \frac{3}{4} \cdot R \cdot (Z-1)^2 \Rightarrow (Z-1)^2 = \frac{4}{3R\lambda_2} \Rightarrow Z-1 = \sqrt{\frac{4}{3R\lambda_2}}$$

$$\Rightarrow Z = \sqrt{\frac{4}{3R\lambda_2}} + 1 = \sqrt{\frac{4}{3 \cdot 1{,}10 \cdot 10^7 \text{ m}^{-1} \cdot 7{,}21 \cdot 10^{-11} \text{ m}}} + 1 = 42{,}0$$

Die Anode besteht aus dem Element mit der Ordnungszahl $Z = 42$. Es heißt Molybdän.

$$\frac{1}{\lambda} = R \cdot (Z-\sigma)^2 \cdot \left(\frac{1}{n_1^2} - \frac{1}{n_2^2}\right)$$

3.8e

Der Quantensprung aus der M- in die K-Schale ist der Übergang von $n_2 = 3$ nach $n_1 = 1$. Es entsteht ein Photon der K_β-Strahlung, also ist die Wellenlänge $\lambda_1 = 6{,}33 \cdot 10^{-11}$ m.

$$\frac{1}{n_1^2} - \frac{1}{n_2^2} = \frac{1}{1^2} - \frac{1}{3^2} = 1 - \frac{1}{9} = \frac{8}{9}$$

$$\frac{1}{\lambda_1} = R \cdot (Z-\sigma)^2 \frac{8}{9} \Rightarrow (Z-\sigma)^2 = \frac{9}{8R\lambda_1} \Rightarrow Z-\sigma = \sqrt{\frac{9}{8R\lambda_1}}$$

$$\Rightarrow \sigma = Z - \sqrt{\frac{9}{8R\lambda_1}} = 42 - \sqrt{\frac{9}{8 \cdot 1{,}10 \cdot 10^7 \text{ m}^{-1} \cdot 6{,}33 \cdot 10^{-11} \text{ m}}} = 1{,}80$$

Anmerkung: Nur bei der K_α-Linie ist die Abschirmzahl ganzzahlig.

Ausführliche Lösungen Kapitel 3

(Seite 54) 3.8j) Die L_α-Linie entsteht durch Übergänge aus der M- in die L-Schale. Für die Energiedifferenz gilt:

$$\Delta E_{L\alpha} = \Delta E_{K\beta} - \Delta E_{K\alpha}$$

$$\frac{hc}{\lambda_3} = \frac{hc}{\lambda_1} - \frac{hc}{\lambda_2} \Rightarrow \frac{1}{\lambda_3} = \frac{1}{\lambda_1} - \frac{1}{\lambda_2}$$

$$\Rightarrow \lambda_3 = \left(\frac{1}{\lambda_1} - \frac{1}{\lambda_2}\right)^{-1} = \left(\frac{1}{6{,}33 \cdot 10^{-11} \text{ m}} - \frac{1}{7{,}21 \cdot 10^{-11} \text{ m}}\right)^{-1} = 5{,}19 \cdot 10^{-10} \text{ m}$$

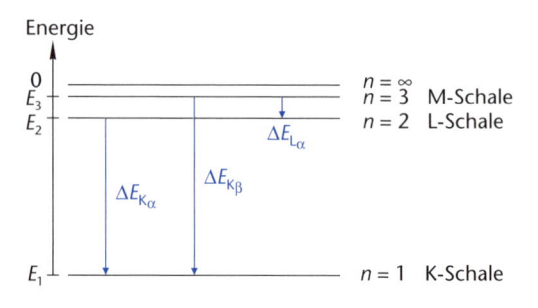

3.9a) $E = \dfrac{hc}{\lambda} \qquad \dfrac{1}{\lambda} = \dfrac{3}{4} \cdot R \cdot (Z-1)^2$

$$\Rightarrow E = \frac{3}{4} \cdot Rhc \cdot (Z-1)^2$$

Den Wert von Rhc haben wir bereits auf Seite 45 ausgerechnet: $Rhc = 13{,}6$ eV

$$E = \frac{3}{4} \cdot 13{,}6 \text{ eV} \cdot (Z-1)^2 = \frac{3}{4} \cdot E_A \Rightarrow E_A = \frac{4}{3} \cdot E$$

Anmerkung: Die notwendige Anregungsenergie ist größer als die Energiedifferenz zwischen der L- und der K-Schale, weil das Elektron aus der K-Schale über die L-Schale und die anderen besetzten Schalen hinaus angehoben werden muss.

3.9b) Die Energie eines auf die Anode treffenden Elektrons ist $eU = 50{,}0$ keV. Für Molybdän gilt:

$Z = 42 \Rightarrow E_A = 13{,}6 \text{ eV} \cdot 41^2 = 2{,}29 \cdot 10^4 \text{ eV} = 22{,}9 \text{ keV}$

$eU > E_A \Rightarrow$ Die Energie des anregenden Elektrons reicht aus, ein Elektron aus der K-Schale eines Molybdänatoms herauszuschlagen. Beim Auffüllen der Lücke kann ein Photon der K_α-Strahlung mit der Energie

$E = \dfrac{3}{4} \cdot E_A = 17{,}2$ eV entstehen.

Für Wolfram gilt:

$Z = 74 \Rightarrow E_A = 13{,}6 \text{ eV} \cdot 73^2 = 7{,}25 \cdot 10^4 \text{ eV} = 72{,}5 \text{ keV}$

$eU < E_A \Rightarrow$ Die Energie des anregenden Elektrons reicht nicht aus, ein Elektron aus der K-Schale eines Wolframatoms herauszuschlagen. Deshalb gibt es keine K_α-Strahlung.

Kapitel 4 – Radioaktivität

4.1

a) $^{213}_{84}\text{Po} \rightarrow {}^{209}_{82}\text{Pb} + {}^{4}_{2}\alpha$

b) $^{208}_{81}\text{Tl} \rightarrow {}^{208}_{82}\text{Pb} + {}^{0}_{-1}\beta$

c) $^{210}_{82}\text{Pb} \rightarrow {}^{210}_{83}\text{Bi} + {}^{0}_{-1}\beta$

d) $^{211}_{83}\text{Bi} \rightarrow {}^{207}_{81}\text{Tl} + {}^{4}_{2}\alpha$

4.2

Pb 207 hat die Ladungszahl 82 und die Neutronenzahl $207 - 82 = 125$.
Durch sieben α-Zerfälle verringert sich sowohl die Ladungszahl als auch die Neutronenzahl jeweils um $7 \cdot 2 = 14$.
Durch vier β-Zerfälle erhöht sich die Ladungszahl um 4, während sich die Neutronenzahl um 4 verringert.

Also gilt: $Z - 14 + 4 = 82 \Rightarrow Z = 82 + 14 - 4 = 92$
$N - 14 - 4 = 125 \Rightarrow N = 125 + 14 + 4 = 143$

Das Ausgangselement ist U 235.

4.3a

$^{212}_{82}\text{Pb} \rightarrow {}^{212}_{83}\text{Bi} + {}^{0}_{-1}\beta$

Bi 212 zerfällt entweder unter Emission eines α-Teilchens:

$$^{212}_{83}\text{Bi} \rightarrow {}^{208}_{81}\text{Tl} + {}^{4}_{2}\alpha$$

$$^{208}_{81}\text{Tl} \rightarrow {}^{208}_{82}\text{Pb} + {}^{0}_{-1}\beta$$

oder unter Emission eines β-Teilchens: $^{212}_{83}\text{Bi} \rightarrow {}^{212}_{84}\text{Po} + {}^{0}_{-1}\beta$

$$^{212}_{84}\text{Po} \rightarrow {}^{208}_{82}\text{Pb} + {}^{4}_{2}\alpha$$

4.3b

$212 : 4 = 53$ Rest 0

Nuklide, deren Massenzahl ohne Rest durch 4 teilbar sind, gehören der Thorium-Reihe an, deren Ausgangsnuklid Th 232 ist.

Ausführliche Lösungen Kapitel 4

(Seite 65)

4.3c Pb 212 hat $N = A - Z = 212 - 82 = 130$ Neutronen.

Beim α-Zerfall nimmt die Neutronenzahl N um 2 ab.
Beim β-Zerfall nimmt die Neutronenzahl N um 1 ab.

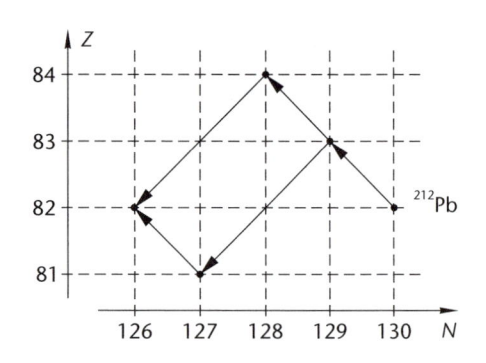

Seite 66

4.4a Für die Aktivität A gilt: $A = \lambda \cdot N = \dfrac{\ln 2}{T} \cdot N$

Die Anzahl N der momentan noch nicht zerfallenen Kerne berechnen wir aus der Masse m der Ausgangssubstanz Ra 226. Ein Kern hat die Masse $m_K = M\,u$. Dabei ist M die Massenzahl des Kerns und u die atomare Masseneinheit. Die N Kerne der Ausgangssubstanz haben somit die Masse $m = N \cdot M\,u$ und es ergibt sich: $N = \dfrac{m}{M\,u}$

$$A = \dfrac{m \cdot \ln 2}{T \cdot M\,u} = \dfrac{1{,}0 \cdot 10^{-3}\text{ kg} \cdot \ln 2}{1{,}6 \cdot 10^3 \cdot 365 \cdot 24 \cdot 3600\text{ s} \cdot 226 \cdot 1{,}66 \cdot 10^{27}\text{ kg}} = 3{,}7 \cdot 10^{10}\text{ Bq}$$

4.4b Die in Hiroshima freigesetzte Aktivität betrug etwa:
$10 \cdot 10^6$ Curie $= 10 \cdot 10^6 \cdot 3{,}7 \cdot 10^{10}$ Bq $= 3{,}7 \cdot 10^{17}$ Bq
Die in Tschernobyl freigesetzte Aktivität war höher als in Hiroshima.

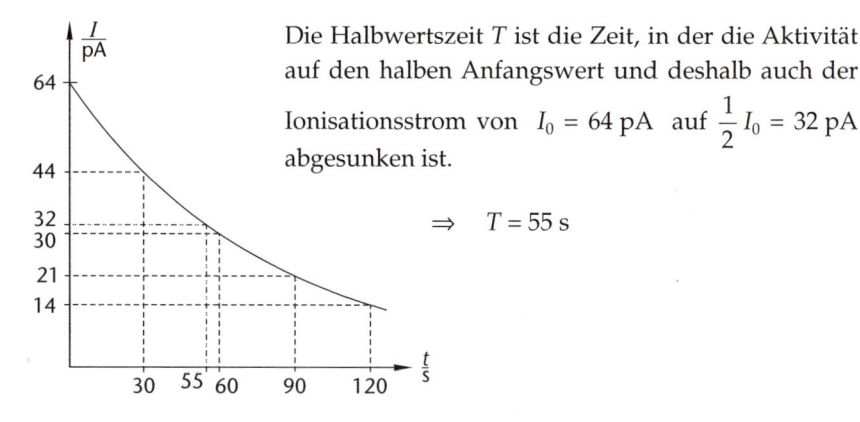

4.5a Die Halbwertszeit T ist die Zeit, in der die Aktivität auf den halben Anfangswert und deshalb auch der Ionisationsstrom von $I_0 = 64$ pA auf $\dfrac{1}{2} I_0 = 32$ pA abgesunken ist.

$\Rightarrow \quad T = 55\text{ s}$

Ausführliche Lösungen Kapitel 4

4.5b (Seite 66)

Beispiel für den Zeitpunkt $t = 120$ s: $\ln\dfrac{I}{I_0} = \ln\dfrac{14\text{ pA}}{64\text{ pA}} = -1{,}52$

t in s	0	30	60	90	120
$\ln\dfrac{I}{I_0}$	0	$-0{,}37$	$-0{,}76$	$-1{,}11$	$-1{,}52$

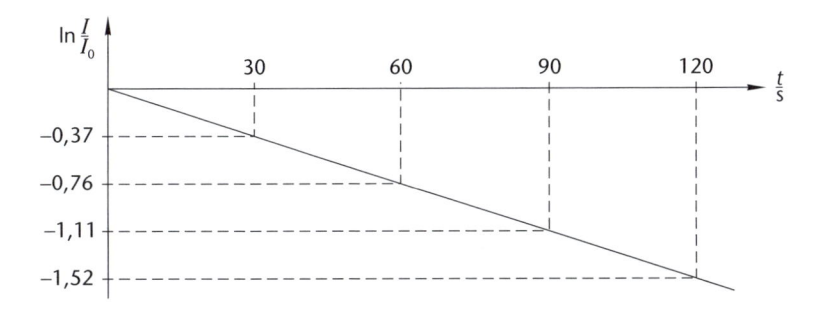

4.5c

Die Steigung einer Geraden durch den Ursprung des Koordinatensystems ist der Quotient aus Hochwert und Rechtswert:

$$\dfrac{\ln\dfrac{I}{I_0}}{t} = \dfrac{-1{,}52}{120\text{ s}} = -0{,}0127\text{ s}^{-1}$$

Geradengleichung: $\ln\dfrac{I}{I_0} = -(0{,}0127\text{ s}^{-1})\cdot t \;\Rightarrow\; \dfrac{I}{I_0} = e^{-(0{,}0127\text{ s}^{-1})\cdot t}$

$$I = I_0 \cdot e^{-(0{,}0127\text{ s}^{-1})\cdot t}$$

Zeitlicher Verlauf des Ionisationsstroms: $I = (64\cdot 10^{-12}\text{ A})\cdot e^{-(0{,}0127\text{ s}^{-1})\cdot t}$

4.5d

Der Betrag der Steigung der Gerade ist die Zerfallskonstante $\lambda = 0{,}0127\text{ s}^{-1}$.
Wegen $T = \dfrac{\ln 2}{\lambda}$ lässt sich daraus die Halbwertszeit berechnen:

$$T = \dfrac{\ln 2}{0{,}0127\text{ s}^{-1}} = 55\text{ s}$$

Ausführliche Lösungen Kapitel 4

(Seite 66)

4.5e
$$^{220}_{86}\text{Rn} \rightarrow {}^{216}_{84}\text{Po} + {}^{4}_{2}\alpha$$

$$^{216}_{84}\text{Po} \rightarrow {}^{212}_{82}\text{Pb} + {}^{4}_{2}\alpha$$

$$^{212}_{82}\text{Pb} \rightarrow {}^{212}_{83}\text{Bi} + {}^{0}_{-1}\beta$$

In der Ionisationskammer wird ein Strom gemessen, der proportional zur Aktivität ist. Wegen der kurzen Halbwertszeit von Po 216 (0,16 s) erfolgen der α-Zerfall von Rn 220 und der α-Zerfall des Tochterkerns Po 216 praktisch gleichzeitig. Die Aktivität sinkt also entsprechend der Aktivität von Rn 220 in 55 s auf die Hälfte ab. Der β-Zerfall erfolgt wegen der langen Halbwertszeit von Pb 212 (10,5 h) weitgehend erst nach Beendigung des Experiments und hat deshalb praktisch keinen Einfluss.

Seite 67

4.5f
Anzahl der Zerfälle: $\Delta N = N_0 - N = N_0 - N_0 e^{-\lambda t} = N_0(1 - e^{-\lambda t})$

$\Rightarrow$ Anzahl der Kerne zur Zeit $t = 0$: $N_0 = \dfrac{\Delta N}{1 - e^{-\lambda t}}$

$$m = N_0 \cdot m_{\text{Kern}} = N_0 \cdot A\,\text{u} = \dfrac{\Delta N \cdot A\,\text{u}}{1 - e^{-\lambda t}} =$$

$$= \dfrac{7{,}9 \cdot 10^{18} \cdot 220 \cdot 1{,}66 \cdot 10^{-27}\,\text{kg}}{1 - e^{-0{,}0127\,\text{s}^{-1} \cdot 2{,}3 \cdot 60\,\text{s}}} = 3{,}5 \cdot 10^{-6}\,\text{kg}$$

4.6a

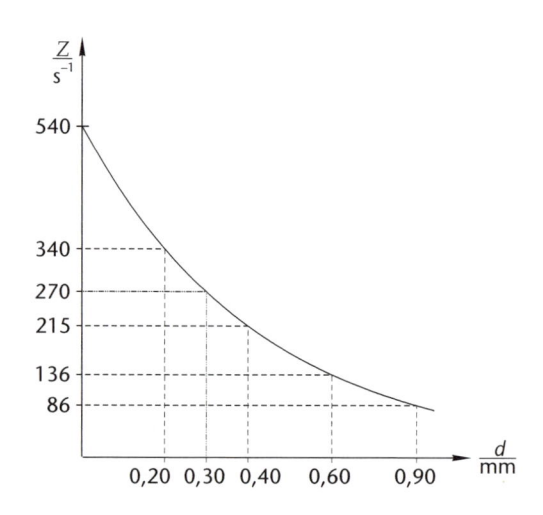

Die Halbwertsdicke D ist die Foliendicke, bei der die Zählrate
$\dfrac{1}{2} Z_0 = \dfrac{1}{2} \cdot 540\,\text{s}^{-1} = 270\,\text{s}^{-1}$ beträgt:

$D = 0{,}30\,\text{mm} = 0{,}30 \cdot 10^{-3}\,\text{m}$

Beispiel für die Foliendicke $d = 0{,}60$ mm: $\ln \dfrac{Z}{Z_0} = \ln \dfrac{136\ \text{s}^{-1}}{540\ \text{s}^{-1}} = -1{,}38$

4.6b (Seite 67)

d in mm	0	0,20	0,40	0,60	0,80
$\ln \dfrac{Z}{Z_0}$	0	$-0{,}463$	$-0{,}921$	$-1{,}38$	$-1{,}84$

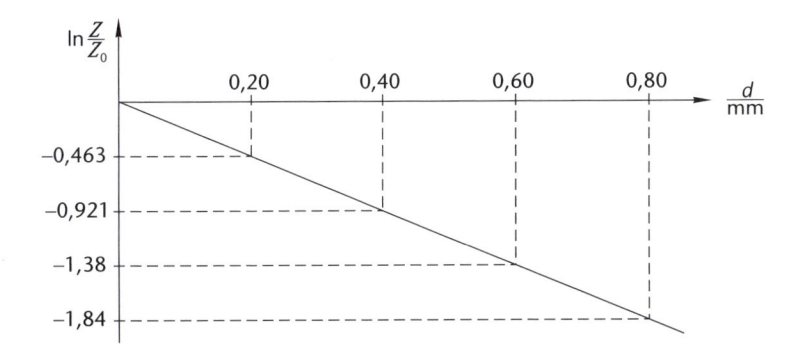

Der Graph stellt eine Gerade durch den Ursprung des Koordinatensystems dar.

4.6c

Die Gerade hat die Steigung $\mu = \dfrac{\ln \dfrac{Z}{Z_0}}{d} = \dfrac{-1{,}38}{0{,}60 \cdot 10^{-3}\ \text{m}} = -2{,}3 \cdot 10^3\ \text{m}^{-1}$.

Funktionsgleichung des Graphen: $\ln \dfrac{Z}{Z_0} = -\mu \cdot d \quad \Rightarrow \quad \dfrac{Z}{Z_0} = e^{-\mu \cdot d}$

Zählrate Z bei der Foliendicke d: $Z = Z_0 e^{-\mu \cdot d}$

$Z = (540\ \text{s}^{-1}) \cdot e^{-(2{,}3 \cdot 10^3\ \text{m}^{-1}) \cdot d}$

$\ln \dfrac{Z}{Z_0} = -\mu \cdot d \quad \Rightarrow \quad d = -\dfrac{1}{\mu} \cdot \ln \dfrac{Z}{Z_0}$

4.6d

$d = -\dfrac{1}{2{,}3 \cdot 10^3\ \text{m}^{-1}} \cdot \ln \dfrac{15\ \text{s}^{-1}}{540\ \text{s}^{-1}} = 1{,}6 \cdot 10^{-3}\ \text{m}$

$N(t) = N_0 e^{-\lambda t}$

4.7a

$\dfrac{N(t)}{N_0} = e^{-\lambda t} \quad \Rightarrow \quad -\lambda t = \ln \dfrac{N(t)}{N_0}$

$t = -\dfrac{1}{\lambda} \cdot \ln \dfrac{N(t)}{N_0} = -\dfrac{T}{\ln 2} \cdot \ln \dfrac{N(t)}{N_0}$

Zur Zeit t_1 sind 40 % der Kerne nicht zerfallen: $\dfrac{N(t_1)}{N_0} = 0{,}40$

$t_1 = -\dfrac{138\,\text{d}}{\ln 2} \cdot \ln 0{,}40 = 182\,\text{d}$

(Seite 67)

4.7b

Zur Zeit t_2 sind 85 % der Kerne zerfallen, also 15 % nicht zerfallen:

$$\frac{N(t_2)}{N_0} = 0{,}15 \quad \Rightarrow \quad t_2 = -\frac{138\,\mathrm{d}}{\ln 2} \cdot \ln 0{,}15 = 378\,\mathrm{d}$$

4.7c

Durch das Präparat verursachte Zählrate:
$Z = 420\ \mathrm{min^{-1}} - 30\ \mathrm{min^{-1}} = 390\ \mathrm{min^{-1}}$

Aktivität des Präparats: $A = 2 \cdot Z = 2 \cdot 390\ \mathrm{min^{-1}} = 780\ \mathrm{min^{-1}}$

$A = \lambda \cdot N \quad \Rightarrow \quad$ Anzahl der Kerne: $N = \dfrac{A}{\lambda} = \dfrac{T \cdot A}{\ln 2}$

$$N = \frac{138 \cdot 24 \cdot 60\ \mathrm{min} \cdot 780\ \mathrm{min^{-1}}}{\ln 2} = 2{,}24 \cdot 10^8$$

Masse des Po-210-Präparats:
$m = N \cdot 210\,\mathrm{u} = 2{,}24 \cdot 10^8 \cdot 210 \cdot 1{,}66 \cdot 10^{-27}\ \mathrm{kg} = 7{,}81 \cdot 10^{-17}\ \mathrm{kg}$

Seite 68

4.8a

Für $t = 0$: $N_0 = \dfrac{m}{222\,\mathrm{u}} = \dfrac{1{,}00 \cdot 10^{-6}\ \mathrm{kg}}{222 \cdot 1{,}66 \cdot 10^{-27}\ \mathrm{kg}} = 2{,}71 \cdot 10^{18}$

$A = \lambda \cdot N = \dfrac{\ln 2}{T} \cdot N$

$A_0 = \dfrac{\ln 2}{T} \cdot N_0 = \dfrac{\ln 2}{3{,}8 \cdot 24 \cdot 3600\ \mathrm{s}} \cdot 2{,}71 \cdot 10^{18} = 5{,}72 \cdot 10^{12}\ \mathrm{s^{-1}}$

Nach 24 Stunden: $N = N_0 e^{-\lambda t} = N_0 e^{-\frac{\ln 2}{T} \cdot t}$

$$= 2{,}71 \cdot 10^{18} \cdot e^{-\frac{\ln 2}{3{,}8 \cdot 24\,\mathrm{h}} \cdot 24\,\mathrm{h}} = 2{,}26 \cdot 10^{18}$$

$$A = A_0 e^{-\lambda t} = A_0 e^{-\frac{\ln 2}{T} \cdot t} = 5{,}72 \cdot 10^{12}\ \mathrm{s^{-1}} \cdot e^{-\frac{\ln 2}{3{,}8 \cdot 24\,\mathrm{h}} \cdot 24\,\mathrm{h}} = 4{,}77 \cdot 10^{12}\ \mathrm{s^{-1}}$$

Anzahl der Zerfälle während der 24 Stunden:
$\Delta N = N - N_0 = 2{,}71 \cdot 10^{18} - 2{,}26 \cdot 10^{18} = 4{,}5 \cdot 10^{17}$

4.8b

Die Größen N_0, A_0, T, A, N und ΔN beziehen sich nun auf U 238, sie haben also eine andere Bedeutung als in Teilaufgabe a, wo sie sich auf Rn 222 beziehen.

Für $t = 0$: $N_0 = \dfrac{m}{238\,\mathrm{u}} = \dfrac{1{,}00 \cdot 10^{-6}\ \mathrm{kg}}{238 \cdot 1{,}66 \cdot 10^{-27}\ \mathrm{kg}} = 2{,}53 \cdot 10^{18}$

$A_0 = \dfrac{\ln 2}{T} \cdot N_0 = \dfrac{\ln 2}{4{,}5 \cdot 10^9 \cdot 365 \cdot 24 \cdot 3600\ \mathrm{s}} \cdot 2{,}53 \cdot 10^{18} = 12{,}4\ \mathrm{s^{-1}}$

Nach 24 Stunden:
Die Zeit $t = 24\,\mathrm{h}$ ist sehr viel kürzer als die Halbwertszeit $T = 4{,}5 \cdot 10^9\ \mathrm{a}$. In diesem Fall bleibt die Anzahl der unzerfallenen Kerne und damit die Aktivität praktisch unverändert: $A = A_0 = 12{,}4\ \mathrm{s^{-1}}$

Für die Berechnung der Anzahl der Zerfälle während 24 Stunden ist in diesem Fall die Formel $\Delta N = N - N_0$ unbrauchbar, denn N und N_0 unterscheiden sich so wenig, dass die Differenz sich nicht berechnen lässt. Da aber die Aktivität während der 24 Stunden konstant ist, gilt:

$$A_0 = \frac{\Delta N}{\Delta t} \Rightarrow \Delta N = A_0 \cdot \Delta t = 12{,}4 \text{ s}^{-1} \cdot 24 \cdot 3600 \text{ s} = 1{,}07 \cdot 10^6$$

4.9

Zerfallsgesetz für Uran-238: $\quad N_{238} = N_{0;\,238} \cdot e^{-\frac{\ln 2}{T_{238}} \cdot t}$

Zerfallsgesetz für Uran-235: $\quad N_{235} = N_{0;\,235} \cdot e^{-\frac{\ln 2}{T_{235}} \cdot t}$

$$\Rightarrow \frac{N_{238}}{N_{235}} = \frac{N_{0;\,238}}{N_{0;\,235}} \cdot e^{-\left(\frac{\ln 2}{T_{238}} - \frac{\ln 2}{T_{235}}\right) \cdot t}$$

Das Verhältnis der Anzahl der U-238-Atome zur Anzahl der U-235-Atome beträgt heute: $v = \dfrac{N_{238}}{N_{235}} = 138$

Es betrug bei Entstehung der Erde: $v_0 = \dfrac{N_{0;\,238}}{N_{0;\,235}} = 3{,}2$

Also gilt: $\quad v = v_0 \cdot e^{-\left(\frac{\ln 2}{T_{238}} - \frac{\ln 2}{T_{235}}\right) \cdot t}$

$$\frac{v}{v_0} = e^{-\left(\frac{\ln 2}{T_{235}} - \frac{\ln 2}{T_{238}}\right) \cdot t} \Rightarrow \ln \frac{v}{v_0} = \left(\frac{\ln 2}{T_{235}} - \frac{\ln 2}{T_{238}}\right) \cdot t$$

$$\Rightarrow t = \frac{\ln \dfrac{v}{v_0}}{\dfrac{\ln 2}{T_{235}} - \dfrac{\ln 2}{T_{238}}} = \frac{\ln \dfrac{138}{3{,}2}}{\dfrac{\ln 2}{7{,}0 \cdot 10^8 \text{ a}} - \dfrac{\ln 2}{4{,}5 \cdot 10^9 \text{ a}}} = 4{,}5 \cdot 10^9 \text{ a}$$

4.10a

$$\lambda = \frac{\ln 2}{T} = \frac{\ln 2}{4{,}5 \cdot 10^9 \text{ a}} = 1{,}5 \cdot 10^{-10} \text{ a}^{-1}$$

4.10b

Anzahl der U-238-Kerne: $\quad N_U = N_0 \cdot e^{-\lambda t}$
Anzahl der Pb-206-Kerne: $\quad N_{Pb} = N_0 - N_U = N_0 \cdot (1 - e^{-\lambda t})$

Masse von U 238: $\quad m_U = 238 \text{ u} \cdot N_U$
Masse von Pb 206: $\quad m_{Pb} = 206 \text{ u} \cdot N_{Pb}$

Verhältnis der Massen: $\quad \dfrac{m_U}{m_{Pb}} = \dfrac{238 \text{ u} \cdot N_0 \cdot e^{-\lambda t}}{206 \text{ u} \cdot N_0 (1 - e^{-\lambda t})} = \dfrac{238 \cdot e^{-\lambda t}}{206 \cdot (1 - e^{-\lambda t})}$

$$= \frac{238 \cdot e^{-1{,}5 \cdot 10^{-10} \text{ a}^{-1} \cdot 2{,}3 \cdot 10^9 \text{ a}}}{206 \cdot (1 - e^{-1{,}5 \cdot 10^{-10} \text{ a}^{-1} \cdot 2{,}3 \cdot 10^9 \text{ a}})} = 2{,}8$$

Ausführliche Lösungen Kapitel 4

(Seite 68)

4.11 a) Die gesamte kinetische Energie des α-Teilchens $E_\alpha = 5{,}3$ MeV wird bei N Ionisationsstößen verbraucht, wobei bei jedem dieser Stöße die Energie $E_{ion} = 35$ eV benötigt wird.

$$E_\alpha = N \cdot E_{ion} \quad \Rightarrow \quad N = \frac{E_\alpha}{E_{ion}} = \frac{5{,}3 \cdot 10^6 \text{ eV}}{35 \text{ eV}} = 1{,}5 \cdot 10^5$$

Die Flugstrecke endet nach dem N-ten Ionisationsstoß:
$s = N \cdot x = 1{,}5 \cdot 10^5 \cdot 0{,}30 \cdot 10^{-6}$ m $= 4{,}5 \cdot 10^{-2}$ m

4.11 b) Bei einem Ionisationsstoß werden ein Elektron und ein Ion erzeugt. Die positive Ladung des Ions ist die Elementarladung e.

$q = N \cdot e = 1{,}5 \cdot 10^5 \cdot 1{,}6 \cdot 10^{-19}$ C $= 2{,}4 \cdot 10^{-14}$ C

Seite 69

4.11 c) Bei konstanter Aktivität gilt: $A = \dfrac{\Delta N}{\Delta t}$

Die Anzahl der in der Zeit Δt erfolgten Zerfälle ist $\Delta N = A \cdot \Delta t$.

Gesamtladung:
$Q = \Delta N \cdot q = A \cdot \Delta t \cdot q = 3{,}7 \cdot 10^4 \text{ s}^{-1} \cdot 1{,}0 \text{ s} \cdot 2{,}4 \cdot 10^{-14}$ C $= 8{,}9 \cdot 10^{-10}$ C

4.12

a) $^{27}_{13}\text{Al} + ^{4}_{2}\alpha \rightarrow ^{30}_{14}\text{Si} + ^{1}_{1}\text{p}$ $\qquad$ $^{27}_{13}\text{Al}\,(\alpha;\,p)\,^{30}_{14}\text{Si}$

b) $^{201}_{80}\text{Hg} + ^{1}_{0}\text{n} \rightarrow ^{201}_{79}\text{Au} + ^{1}_{1}\text{p}$ $\qquad$ $^{201}_{80}\text{Hg}\,(n;\,p)\,^{201}_{79}\text{Au}$

c) $^{1}_{1}\text{H} + ^{1}_{0}\text{n} \rightarrow ^{2}_{1}\text{H} + ^{0}_{0}\gamma$ $\qquad$ $^{1}_{1}\text{H}\,(n;\,\gamma)\,^{2}_{1}\text{H}$

d) $^{6}_{8}\text{O} + ^{0}_{0}\gamma \rightarrow ^{12}_{6}\text{C} + ^{4}_{2}\alpha$ $\qquad$ $^{16}_{8}\text{O}\,(\gamma;\,\alpha)\,^{12}_{6}\text{C}$

4.13 $^{13}_{7}\text{N} \rightarrow ^{13}_{6}\text{C} + ^{0}_{1}\beta^+$

4.14 a) $^{226}_{88}\text{Ra} \rightarrow ^{222}_{86}\text{Rn} + ^{4}_{2}\alpha$

4.14 b) Kinetische Energie des α-Teilchens: $E_{k\alpha} = \dfrac{1}{2} m_\alpha v_\alpha^2$

$$\Rightarrow v_\alpha = \sqrt{\frac{2E_{k\alpha}}{m_\alpha}} = \sqrt{\frac{2 \cdot 7{,}7 \cdot 10^6 \cdot 1{,}6 \cdot 10^{-19} \text{ J}}{6{,}6 \cdot 10^{-27} \text{ kg}}} = 1{,}9 \cdot 10^7 \text{ m s}^{-1}$$

Ausführliche Lösungen Kapitel 4

4.14c (Seite 69)

Kinetische Energie des Neutrons:
$E_{kn} = E_{k\alpha} + E_R = 7{,}7 \text{ MeV} + 5{,}7 \text{ MeV} = 13{,}4 \text{ MeV}$

$E_{kn} = (m - m_0)c^2 = (\gamma - 1)m_0 c^2 \Rightarrow \gamma = 1 + \dfrac{E_{k\alpha}}{m_0 c^2} = 1 + \dfrac{13{,}4 \text{ MeV}}{940 \text{ MeV}} = 1{,}014$

$\gamma = \dfrac{1}{\sqrt{1-\beta^2}} \Rightarrow 1 - \beta^2 = \dfrac{1}{\gamma^2} \Rightarrow \beta = \sqrt{1 - \dfrac{1}{\gamma^2}} = \sqrt{1 - \dfrac{1}{1{,}014^2}} = 0{,}17$

$v_n = \beta \cdot c = 0{,}17 \cdot 3{,}0 \cdot 10^8 \text{ m s}^{-1} = 5{,}1 \cdot 10^7 \text{ m s}^{-1}$

4.14d

Energie nach einem Stoß: $E_1 = E_{kn} - 0{,}64 \cdot E_{kn} = 0{,}36 \cdot E_{kn}$
Energie nach zwei Stößen: $E_2 = 0{,}36 \cdot E_1 = (0{,}36)^2 \cdot E_{kn}$

Energie nach 20 Stößen: $E_{20} = (0{,}36)^{20} \cdot E_{kn} = (0{,}36)^{20} \cdot 13{,}4 \cdot 10^6 \text{ eV} = 0{,}018 \text{ eV}$

$v_{20} = \sqrt{\dfrac{2 E_{20}}{m_n}} = \sqrt{\dfrac{2 \cdot 0{,}018 \cdot 1{,}6 \cdot 10^{-19} \text{ J}}{1{,}67 \cdot 10^{-27} \text{ kg}}} = 1{,}9 \cdot 10^3 \text{ m s}^{-1}$

4.14e

$^{10}_{5}\text{B} + ^{1}_{0}\text{n} \rightarrow ^{7}_{3}\text{Li} + ^{4}_{2}\alpha$ $^{10}_{5}\text{B}(n; \alpha)^{7}_{3}\text{Li}$

Seite 70

4.15a

$^{14}_{7}\text{N} + ^{1}_{0}\text{n} \rightarrow ^{14}_{6}\text{C} + ^{1}_{1}\text{p}$ $^{14}_{7}\text{N}(n; p)^{14}_{6}\text{C}$
$^{14}_{6}\text{C} \rightarrow ^{14}_{7}\text{N} + ^{\,\,0}_{-1}\beta$

4.15b

Die Anzahl N_{C14} der C-14-Atome wird aus der Aktivität A berechnet:

$A = \lambda \cdot N_{C14} = \dfrac{\ln 2}{T} \cdot N_{C14}$

$\Rightarrow N_{C14} = \dfrac{A \cdot T}{\ln 2} = \dfrac{20{,}8 \text{ Bq} \cdot 5{,}73 \cdot 10^3 \cdot 365 \cdot 24 \cdot 3600 \text{ s}}{\ln 2} = 5{,}42 \cdot 10^{12}$

Masse der C-14-Atome:
$m_{C14} = N_{C14} \cdot 14 \text{ u} = 5{,}42 \cdot 10^{12} \cdot 14 \cdot 1{,}66 \cdot 10^{-27} \text{ kg} = 1{,}26 \cdot 10^{-13} \text{ kg}$

Anzahl der C-12-Atome:
$N_{C12} = \dfrac{m_{C12}}{12 \text{ u}} = \dfrac{0{,}100 \text{ kg}}{12 \cdot 1{,}66 \cdot 10^{-27} \text{ kg}} = 5{,}02 \cdot 10^{24}$

$\dfrac{N_{C12}}{N_{C14}} = \dfrac{5{,}02 \cdot 10^{24}}{5{,}43 \cdot 10^{12}} = 9{,}24 \cdot 10^{11}$

Unter $9{,}24 \cdot 10^{11}$ C-12-Atomen findet sich ein C-14-Atom.

Ausführliche Lösungen Kapitel 4 +5

(Seite 70) 4.15 Aktivität von 1,53 g Kohlenstoff aus frisch gefälltem Holz:

$$A_0 = \frac{1,53 \text{ g}}{100 \text{ g}} \cdot 20{,}8 \text{ Bq} = 0{,}318 \text{ Bq}$$

Aktivität der Probe: $A = 27 \text{ h}^{-1} = 27 \cdot (3600 \text{ s})^{-1} = 7{,}50 \cdot 10^{-3} \text{ Bq}$

$$A = A_0 \cdot e^{-\lambda t} \quad \Rightarrow \quad -\lambda t = \ln \frac{A}{A_0}$$

$$t = -\frac{1}{\lambda} \cdot \ln \frac{A}{A_0} = -\frac{T}{\ln 2} \cdot \ln \frac{A}{A_0}$$

$$t = -\frac{5{,}73 \cdot 10^3 \text{ a}}{\ln 2} \cdot \ln \frac{7{,}50 \cdot 10^{-3} \text{ Bq}}{0{,}318 \text{ Bq}} = 3{,}10 \cdot 10^4 \text{ a}$$

Die Gemälde entstanden vor 31 000 Jahren.

Seite 77 ### Kapitel 5 – Kernenergie

5.1a $\Delta m = Z \cdot m_p + N \cdot m_n - m_K$

Helium-4: $Z = 2 \quad \Rightarrow \quad N = 4 - 2 = 2$
$\Delta m_{\text{He4}} = 2 \cdot 1{,}007276 \text{ u} + 2 \cdot 1{,}008665 \text{ u} - 4{,}001507 \text{ u} = 0{,}030375 \text{ u} =$
$= 0{,}030375 \cdot 1{,}6605 \cdot 10^{-27} \text{ kg} = 5{,}0438 \cdot 10^{-29} \text{ kg}$

Nickel-60: $Z = 28 \quad \Rightarrow \quad N = 60 - 28 = 32$
$\Delta m_{\text{Ni60}} = 28 \cdot 1{,}007276 \text{ u} + 32 \cdot 1{,}008665 \text{ u} - 59{,}915422 \text{ u} = 0{,}565586 \text{ u} =$
$= 0{,}565586 \cdot 1{,}6605 \cdot 10^{-27} \text{ kg} = 9{,}3916 \cdot 10^{-28} \text{ kg}$

Uran-235: $Z = 92 \quad \Rightarrow \quad N = 235 - 92 = 143$
$\Delta m_{\text{U235}} = 92 \cdot 1{,}007276 \text{ u} + 143 \cdot 1{,}008665 \text{ u} - 234{,}99410 \text{ u} = 1{,}914387 \text{ u} =$
$= 1{,}914387 \cdot 1{,}6605 \cdot 10^{-27} \text{ kg} = 3{,}1788 \cdot 10^{-27} \text{ kg}$

5.1b $E_B = \Delta m \cdot c^2$

Massendefekte, die als Vielfache der atomaren Masseneinheit u angegeben sind, lassen sich besonders leicht in Bindungsenergien umrechnen. Wir benutzen die Beziehung $(1 \text{ u}) \cdot c^2 = 931{,}49 \text{ MeV}$.

Helium-4: $E_B = \Delta m_{\text{He4}} \cdot c^2 = 0{,}030375 \cdot 931{,}49 \text{ MeV} = 28{,}294 \text{ MeV}$

$$\frac{E_B}{A} = \frac{28{,}294 \text{ MeV}}{4} = 7{,}0735 \text{ MeV}$$

Nickel-60: $E_B = \Delta m_{\text{Ni60}} \cdot c^2 = 0{,}565586 \cdot 931{,}49 \text{ MeV} = 526{,}838 \text{ MeV}$

$$\frac{E_B}{A} = \frac{526{,}838 \text{ MeV}}{60} = 8{,}7806 \text{ MeV}$$

Uran-235: $E = \Delta m_{\text{U235}} \cdot c^2 = 1{,}914387 \cdot 931{,}49 \text{ MeV} = 1783{,}23 \text{ MeV}$

$$\frac{E_B}{A} = \frac{1783{,}23 \text{ MeV}}{235} = 7{,}5882 \text{ MeV}$$

Ausführliche Lösungen Kapitel 5

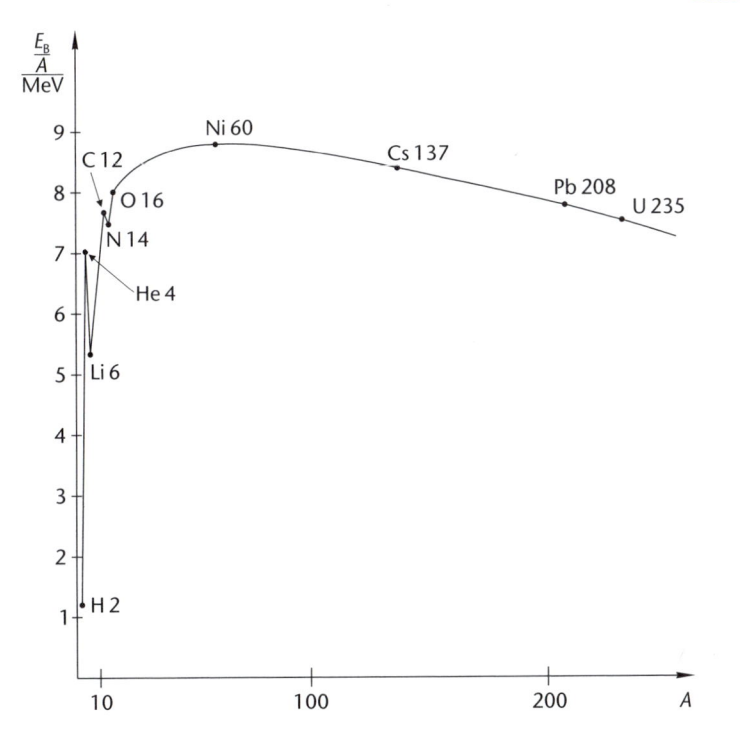

5.1c (Seite 77)

[Diagramm: E_B/A in MeV gegen A; eingezeichnete Punkte: H 2, Li 6, He 4, N 14, O 16, C 12, Ni 60, Cs 137, Pb 208, U 235]

5.2a

$^{235}_{92}\text{U} + ^{1}_{0}\text{n} \rightarrow ^{140}_{53}\text{I} + ^{94}_{39}\text{Y} + 2 \cdot ^{1}_{0}\text{n}$

Seite 78

5.2b

$^{140}_{53}\text{I} \rightarrow ^{140}_{54}\text{Xe} + ^{0}_{-1}\beta$

$^{140}_{54}\text{Xe} \rightarrow ^{139}_{54}\text{Xe} + ^{1}_{0}\text{n}$

$^{139}_{54}\text{Xe} \rightarrow ^{139}_{55}\text{Cs} + ^{0}_{-1}\beta$

$^{139}_{55}\text{Cs} \rightarrow ^{139}_{56}\text{Ba} + ^{0}_{-1}\beta$

5.3a

Kernbindungsenergie: $E_B = A \cdot \dfrac{E_B}{A}$

$E_{B;U} = 235 \cdot 7{,}59 \text{ MeV} = 1784 \text{ MeV}$
$E_{B;Cs} = 140 \cdot 8{,}38 \text{ MeV} = 1173 \text{ MeV}$
$E_{B;Rb} = 94 \cdot 8{,}61 \text{ MeV} = 809 \text{ MeV}$

Die pro Spaltprozess frei werdende Energie ist:
$\Delta E = (E_{B;Cs} + E_{B;Rb}) - E_{B;U} = (1173 \text{ MeV} + 809 \text{ MeV}) - 1784 \text{ MeV} = 198 \text{ MeV}$

5.3b

$m = N \cdot A\,\text{u} \quad \Rightarrow \quad N = \dfrac{m}{A\,\text{u}} = \dfrac{1{,}00 \cdot 10^{-3} \text{ kg}}{235 \cdot 1{,}66 \cdot 10^{-27} \text{ kg}} = 2{,}56 \cdot 10^{21}$

1,00 g Uran-235 enthält $N = 2{,}56 \cdot 10^{21}$ Kerne. Wenn alle N Kerne gespalten werden, wird die Energie W frei:

$W = N \cdot \Delta E = 2{,}56 \cdot 10^{21} \cdot 198 \cdot 10^{6} \cdot 1{,}60 \cdot 10^{-19} \text{ J} = 8{,}11 \cdot 10^{10} \text{ J}$

$W = \Delta m \cdot c^2 \quad \Rightarrow \quad \Delta m = \dfrac{W}{c^2} = \dfrac{8{,}11 \cdot 10^{10} \text{ J}}{(3{,}00 \cdot 10^{8} \text{ m s}^{-1})^2} = 9{,}01 \cdot 10^{-7} \text{ kg}$

Ausführliche Lösungen Kapitel 5

Seite 78 $\quad \dfrac{\Delta m}{m} = \dfrac{9{,}01 \cdot 10^{-7}\text{ kg}}{1{,}00 \cdot 10^{-3}\text{ kg}} = 9{,}01 \cdot 10^{-4}$

Bei der Kernspaltung werden 0,9 Promille der vorhandenen Masse in Energie umgewandelt.

5.3c Masse der pro Minute gespaltenen Kerne: $m_1 = N_1 \cdot A\,\text{u}$

Die Anzahl N_1 der pro Minute gespaltenen Kerne ergibt sich aus der durch Kernspaltung erzeugten Leistung:

$$P = \dfrac{N_1 \cdot \Delta E}{t} \quad \Rightarrow \quad N_1 = \dfrac{P \cdot t}{\Delta E}$$

$$P_{\text{Netz}} = 0{,}33 \cdot P \quad \Rightarrow \quad P = \dfrac{P_{\text{Netz}}}{0{,}33}$$

$$m_1 = \dfrac{P_{\text{Netz}} \cdot t \cdot A\,\text{u}}{0{,}33 \cdot \Delta E} = \dfrac{2{,}5 \cdot 10^9\text{ W} \cdot 60\text{ s} \cdot 235 \cdot 1{,}66 \cdot 10^{-27}\text{ kg}}{0{,}33 \cdot 198 \cdot 10^6 \cdot 1{,}6 \cdot 10^{-19}\text{ J}} = 5{,}6 \cdot 10^{-3}\text{ kg}$$

5.4a Bindungsenergie: $E_\text{B} = \Delta m \cdot c^2$; $\Delta m = Z \cdot m_\text{p} + N \cdot m_\text{n} - m_\text{K}$

Deuterium: $Z = 1 \Rightarrow N = 2 - 1 = 1$
$\Delta m_\text{D} = 1 \cdot 1{,}007276\text{ u} + 1 \cdot 1{,}008665\text{ u} - 2{,}013554\text{ u} = 0{,}002387\text{ u}$
$E_{\text{B;D}} = \Delta m_\text{D} \cdot c^2 = 0{,}002387 \cdot 931{,}49\text{ MeV}$ (Vergleiche Bemerkung bei 5.1 b.)
$E_{\text{B;D}} = 2{,}2235\text{ MeV}$
$\dfrac{E_{\text{B;D}}}{A} = \dfrac{2{,}2235\text{ MeV}}{2} = 1{,}1117\text{ MeV}$

Tritium: $Z = 1 \Rightarrow N = 3 - 1 = 2$
$\Delta m_\text{T} = 1 \cdot 1{,}007276\text{ u} + 2 \cdot 1{,}008665\text{ u} - 3{,}015501\text{ u} = 0{,}009105\text{ u}$
$E_{\text{B;T}} = 0{,}009105 \cdot 931{,}49\text{ MeV} = 8{,}4812\text{ MeV}$
$\dfrac{E_{\text{B;T}}}{A} = \dfrac{8{,}4812\text{ MeV}}{3} = 2{,}8271\text{ MeV}$

Helium-4: $Z = 2 \Rightarrow N = 4 - 2 = 2$
$\Delta m_\text{He} = 2 \cdot 1{,}007276\text{ u} + 2 \cdot 1{,}008665\text{ u} - 4{,}001507\text{ u} = 0{,}030375\text{ u}$
$E_{\text{B;He}} = 0{,}030375 \cdot 931{,}49\text{ MeV} = 28{,}294\text{ MeV}$
$\dfrac{E_{\text{B;He}}}{A} = \dfrac{28{,}294\text{ MeV}}{4} = 7{,}0735\text{ MeV}$

5.4b $\Delta E = E_{\text{B;He}} - (E_{\text{B;D}} + E_{\text{B;T}}) =$
$= 28{,}294\text{ MeV} - (2{,}2235\text{ MeV} + 8{,}4812\text{ MeV}) = 17{,}589\text{ MeV}$

5.4c $m = N \cdot A\,\text{u} \quad \Rightarrow \quad N = \dfrac{m}{A\,\text{u}} = \dfrac{1{,}00 \cdot 10^{-3}\text{ kg}}{4 \cdot 1{,}66 \cdot 10^{-27}\text{ kg}} = 1{,}51 \cdot 10^{23}$

1,00 g Helium-4 enthält $N = 1{,}51 \cdot 10^{23}$ Kerne. Bei der Fusion dieser N Kerne ist die Energie W frei geworden:

$W = N \cdot \Delta E = 1{,}51 \cdot 10^{23} \cdot 17{,}589 \cdot 10^6 \cdot 1{,}60 \cdot 10^{-19}\text{ J} = 4{,}25 \cdot 10^{11}\text{ J}$

Ausführliche Lösungen Kapitel 5

Die in Energie umgewandelte Masse Δm berechnet sich aus $W = \Delta m \cdot c^2$. (Seite 78)

$$\Delta m = \frac{W}{c^2} = \frac{4{,}25 \cdot 10^{11}\ \text{J}}{(3{,}00 \cdot 10^8\ \text{m s}^{-1})^2} = 4{,}72 \cdot 10^{-6}\ \text{kg}$$

Masse der beiden Ausgangskerne:
$m_A = N \cdot (m_D + m_T) =$
$= 1{,}51 \cdot 10^{23} \cdot (2{,}013544 + 3{,}015501) \cdot 1{,}66 \cdot 10^{-27}\ \text{kg} = 1{,}26 \cdot 10^{-3}\ \text{kg}$

$$\frac{\Delta m}{m_A} = \frac{4{,}72 \cdot 10^{-6}\ \text{kg}}{1{,}26 \cdot 10^{-3}\ \text{kg}} = 3{,}75 \cdot 10^{-3}$$

Bei der Kernfusion werden 3,75 Promille der vorhandenen Masse in Energie umgewandelt.

5.5a Massenbilanz: $4 \cdot m_H = m_{He} + 2 \cdot m_\beta + \Delta m$

$\Delta m = 4 \cdot m_H - m_{He} - 2 \cdot m_\beta =$
$= (4 \cdot 1{,}67262 \cdot 10^{-27} - 6{,}64420 \cdot 10^{-27} - 2 \cdot 9{,}1094 \cdot 10^{-31})\ \text{kg} = 4{,}446 \cdot 10^{-29}\ \text{kg}$

$\Delta E = \Delta m \cdot c^2 = 4{,}446 \cdot 10^{-29}\ \text{kg} \cdot (3{,}00 \cdot 10^8\ \text{m s}^{-1})^2 = 4{,}00 \cdot 10^{-12}\ \text{J}$

5.5b Der Anteil, den die Energie $E_1 = 1{,}36\ \text{kJ}$ an der gesamten von der Sonne abgestrahlten Energie E hat, ist genauso groß wie der Anteil, den die Fläche $A_1 = 1{,}00\ \text{m}^2$ an der Fläche A einer gedachten Kugel um die Sonne mit dem Radius r der Erdbahn hat:

$$\frac{E}{E_1} = \frac{A}{A_1} \quad \Rightarrow \quad E = \frac{A}{A_1} \cdot E_1 = \frac{4\pi r^2}{A_1} \cdot E_1$$

$$E = \frac{4\pi \cdot (1{,}50 \cdot 10^{11}\ \text{m})^2}{1{,}00\ \text{m}^2} \cdot 1{,}36 \cdot 10^3\ \text{J} = 3{,}85 \cdot 10^{26}\ \text{J}$$

5.5c $N = \dfrac{E}{\Delta E} = \dfrac{3{,}85 \cdot 10^{26}\ \text{J}}{4{,}00 \cdot 10^{-12}\ \text{J}} = 9{,}63 \cdot 10^{37}$

$\Delta M = N \cdot \Delta m = 9{,}63 \cdot 10^{37} \cdot 4{,}446 \cdot 10^{-29}\ \text{kg} = 4{,}28 \cdot 10^9\ \text{kg}$
Die Masse der Sonne verringert sich infolge der Energieabstrahlung pro Sekunde um 4,28 Millionen Tonnen.

5.5d Masse des bei einer Fusionsreaktion verbrauchten Wasserstoffs: $m_1 = 4 \cdot m_H$

Gesamtzahl der Fusionsreaktionen bis zum Ende der Energieabstrahlung:

$$N_1 = \frac{0{,}75 \cdot m_{Sonne}}{m_1} = \frac{0{,}75 \cdot 1{,}98 \cdot 10^{30}\ \text{kg}}{4 \cdot 1{,}67262 \cdot 10^{-27}\ \text{kg}} = 2{,}22 \cdot 10^{56}$$

Anzahl der Fusionsreaktionen pro Zeiteinheit: $\dfrac{N}{t} = 9{,}63 \cdot 10^{37}\ \text{s}^{-1}$

Zeit bis zum Ende der Energieabstrahlung:

$$t = \frac{N_1}{\frac{N}{t}} = \frac{2{,}22 \cdot 10^{56}}{9{,}63 \cdot 10^{37}} = 2{,}31 \cdot 10^{18}\ \text{s} = \frac{2{,}31 \cdot 10^{18}}{3600 \cdot 24 \cdot 365}\ \text{a} = 7{,}32 \cdot 10^{10}\ \text{a}$$

Register

A
Altersbestimmung 64
Äquivalenz von Masse und Energie 14 f.
Atomhülle 39, 57
Atomkern 57 f.
Atommodelle 38 ff.
Aufenthaltswahrscheinlichkeit 28, 46
Austrittsarbeit 00

B
Bindungsenergie 71 f.
BOHRsche Postulate 39 f.
Bremsstrahlung 50

C
charakteristische Strahlung 50
COMPTON, ARTHUR 24 f.
COMPTON-Effekt 24 f.
COMPTON-Wellenlänge des Elektrons 25

D
DE-BROGLIE-Wellenlänge 28
Deuterium 76

E
Eigenzeit 9
Elektronvolt 15
Energie 14 ff.
–, Gesamt- 14 f.
–, Ionisierungs- 45
–, kinetische 15 f.
Energiequanten 22
Energieniveauschema 43

F
Fotoeffekt 20 f.
FRANCK-HERTZ-Versuch 46 f.

G
Gegenfeldmethode 21
Glanzwinkel 29
Grenzfrequenz 21, 23
Grundzustand 40, 45

H
Halbwertsdicke 67
Halbwertszeit 61
HEISENBERG, WERNER 32
HEISENBERGsche Unschärferelation 32 f.

I
Intensitität 21
Ionisationskammer 55 f.
Ionisierungsenergie 45
Isotop 58

K
Kernenergie 71 ff.
Kernfusion 76 f.
Kernkräfte 72, 75
Kernladungszahl 57, 60
Kernspaltung 73
Kettenreaktion 63 f.

L
Längenkontraktion 8 f.
lichtelektrischer Effekt 20
Lichtgeschwindigkeit,
    Prinzip der Konstanz der 7

M
Massendefekt 71
Masseneinheit, atomare 58
Massenzahl 57
Massenzunahme 10 f.
Materiewelle 28
MICHELSON, ALBERT 5 ff.
MICHELSON-Experiment 5 f.

N
Naturkonstanten 80
Nebelkammer 57
Netzebenenabstand 29
Neutron 57
Nukleon 57
Nuklid 58
Nullpunktsenergie 37

O
Orbital 46 f.
Ordnungszahl 57

P
Photon 27 f., 41, 50, 59
PLANCK, MAX 23
PLANCKsches Wirkungsquantum 23, 40
Plasma 77
Proton 57

Q
Quantenbahn 39 f., 45
Quantenbedingung 40
quantenmechanisches Atommodell 46
Quantenzahl 40 f., 44 f., 50

R
Radioaktivität 55 ff., 59 ff.
Radiocarbonmethode 64
Relativitätsprinzip 5 ff.
Röntgenstrahlung 48 ff.
Ruhenergie 14 f.
Ruhlänge 10
Ruhmasse 11 f.
RUTHERFORDsches Atommodell 38 ff., 45
RYDBERG-Konstante 44, 51

S
Schwächungskoeffizient 67
Spektrallinien 44
Spektrum 39 f.
Streuung 25, 39

T
Teilchenmodell des Lichts 22 ff.
Tritium 76

U
Unschärferelation 30 f.

V
Vermehrungsfaktor 74

W
Welle, elektromagnetische 27 f.
Welle-Teilchen-Dualismus 20 ff.
Wirkungsquantum, PLANCKsches s. PLANCK

Z
Zählrate 62
Zählrohr 48 f.
Zeitdilatation 8 f.
Zerfallsgesetz 61, 63, 65
Zerfallskonstante 61
Zerfallsrate 62
Zerfallsreihen, radioaktive 60 f.

Das internationale Einheitensystem

Wie ist mit den Einheiten umzugehen?

Das internationale Einheitensystem beruht auf den Basiseinheiten Meter (m), Kilogramm (kg), Sekunde (s) und Ampere (A). Aus ihnen werden die Einheiten aller verwendeten physikalischen Größen hergeleitet.
Somit können Sie getrost in jede Formel die in diesen Einheiten angegebenen Größen einsetzen, Ihr Ergebnis muss wieder eine Größe mit einer aus m, kg, s und A hergeleiteten Einheit sein.

Anhand der Tabelle können Sie den Zusammenhang dieser Einheiten erkennen.

Physikalische Größe	Formelzeichen/ Definitionsgleichung	Einheit
Länge	l	m
Fläche	$A = l^2$	m^2
Zeit	t	s
Masse	m	kg
Geschwindigkeit	$v = \dfrac{l}{t}$	$m\,s^{-1}$
Beschleunigung	$a = \dfrac{v}{t}$	$m\,s^{-2}$
Kraft	$F = ma$	$N = kg\,m\,s^{-2}$
Arbeit, Energie	$W = Fl$	$J = N\,m = kg\,m^2\,s^{-2}$
Leistung	$P = \dfrac{W}{t}$	$W = J\,s^{-1} = kg\,m^2\,s^{-3}$
Impuls	$p = mv$	$kg\,m\,s^{-1}$
Frequenz	$f = \dfrac{n}{t}$	$Hz = s^{-1}$
Stromstärke	I	A
Ladung	$Q = It$	$C = A\,s$
Elektrische Feldstärke	$E = \dfrac{F}{Q}$	$N\,C^{-1} = kg\,m\,s^{-3}\,A^{-1}$
Spannung	$U = \dfrac{W}{Q}$	$V = J\,C^{-1} = kg\,m^2\,s^{-3}\,A^{-1}$
Kapazität	$C = \dfrac{Q}{U}$	$F = C\,V^{-1} = kg^{-1}\,m^{-2}\,s^4\,A^2$
Widerstand	$R = \dfrac{U}{I}$	$\Omega = V\,A^{-1} = kg\,m^2\,s^{-3}\,A^{-2}$
Magnetische Flussdichte	$B = \dfrac{F}{Il}$	$T = N\,m^{-1}\,A^{-1} = kg\,s^{-2}\,A^{-1}$
Aktivität	$A = -\dfrac{dN}{dt}$	$Bq = s^{-1}$

Mehr Erfolg? Haben wir!

Mit den tollen Lernhilfen von der 5. Klasse bis zum Abitur.

mentor – garantiert mehr Erfolg!

- Unterrichtsstoff Schritt für Schritt erklärt
- Kleine übersichtliche Lerneinheiten
- Viele Übungen und ausführliche Lösungen
- Für alle wichtigen Themenschwerpunkte der Fächer Deutsch, Englisch, Mathematik, Französisch, Physik, Chemie und Biologie

mentor
Eine Klasse besser.

www.mentor.de

Wir blicken durch! Du auch?

Die perfekte Interpretationshilfe zur Vorbereitung auf Klausuren und Abitur

Inhalt – Hintergrund – Interpretation

mentor: Lektüre Durchblick
Die praktische Interpretationshilfe für den Deutsch- und Englischunterricht. Präzise Inhaltsangaben, überzeugende Interpretationen und viele Hintergrund-Infos. Alle Ausgaben mit Schaubildern und praktischer Info-Klappe.

mentor: Lektüre Durchblick plus
Jetzt für die wichtigsten Titel auch mit Audio-Download! Die gesprochene Inhaltsangabe gibt's als mp3-Datei zum Anhören für Last-Minute-Lerner.

mentor
Eine Klasse besser.

www.mentor.de